JN093227

水と生きる地域の力

琵琶湖・太湖の比較から

楊平・嘉田由紀子 著

滋賀県高島市新旭町針江の各家庭のカバタ

大川に面した洗い場

針江を流れる大川

内湖を舟で行き来した時代（写真提供：田中義孝）

内湖に仕掛けたモンドリで獲れた魚

針江浜での藻刈り（写真提供：橋本剛明）

太湖周辺の水郷

町中に点在する共同の洗い場

伝統的家屋と近代的建物の間の水路に設けられた「水上田畑」

太湖の水上生活者の船上で干されるエビ

太湖周辺の水郷でのヒシの採取

太湖周辺の水郷での藻あげ

長江の下流に位置する江蘇省興化市の水郷での水遊び

浙江省麗水市青田県の水田養魚

目　次

序　章　『成長の限界』から50年
——水と生きる地域コミュニティの意味を日中比較の中から問う

1．『成長の限界』50年後に提起された「気候レジリエンス」という提案 ………… 1
2．琵琶湖の「近い水」、中国太湖の「魚米の郷」は気候危機への改善策？ … 5
3．水と生きる地域社会を問う——脆弱性をいかに乗り越えるか……………………… 16
4．活力のある地域社会——地域再生に向けたレジリエンスの見えない仕組みの見える化 … 18
5．フィールドとのめぐり逢い——水とともに生きる地域……………………………… 19
6．本書の問いと構成——地域レジリエンスを構成する三つの層 ……………………… 21
7．分析視角——距離を共感する「社会関係」……………………………………………… 23

第Ⅰ部　水と生活——関わりの多様性

第1章　水に寄り添う

1．名水の郷に選ばれて …………………………………………………………………… 29
2．水の力を活かす地域とその環境 ……………………………………………………… 32
3．川は暮らしのネットワークの要に …………………………………………………… 33
4．水を汚さない工夫は人への思いやりとつながる …………………………………… 36
5．水は不思議であって不思議ではない ………………………………………………… 39
6．カバタの多様性は暮らしの場での工夫の反映 ……………………………………… 40
7．絶えず湧き出る水とのせめぎ合い …………………………………………………… 45
8．ゆったり溢れる「水込み」がもたらす「害」と「益」………………………………… 46

第2章　水辺遊びの意味と環境適応

1．「遊び」をめぐる社会学的研究………………………………………………………… 51
2．地域の自然のすべては遊びの場 ……………………………………………………… 55
3．川での遊び——環境適応のステップ ………………………………………………… 58
4．湖での遊びの成長——社会性が育つ環境適応のステップアップ ………………… 61
5．水辺遊びから得られる知恵と秘密 …………………………………………………… 64
6．自然はおいしい——おやつがいっぱい………………………………………………… 67
7．冬でも自然の中で遊ぶ ………………………………………………………………… 68
8．世代を超えた環境適応経験の継承 …………………………………………………… 69

第3章　守りを貫く地域コミュニティ「生水(しょうず)の郷委員会」の挑戦

1．カバタがなぜ注目されるようになったのか？ …… 75
2．生水の郷を守るためのコミュニティづくり …… 80
3．生水の郷の活動は海外まで広がる …… 81
4．思いやりの水、安心の水、人びとのやさしさが感動を呼ぶ …… 86
5．私有空間は社会的に共有され、総有空間に成長 …… 89
6．地域コミュニティの力は、自然を介した人と人の共感により育てられる …… 90

第Ⅱ部　水と生業――水陸移行帯における多重性

第1章　コモンズ環境としての水辺

1．漁撈活動をめぐる水辺の重層性 …… 95
2．「エリ」にみる自然へのこだわり …… 98
3．水中選別をめぐる資源配慮型技法 …… 102
4．遊びと楽しみがともなう漁撈経験 …… 108
5．生業姿勢からみた人と自然の関わりの原点 …… 110

第2章　農業にみる水とのせめぎ合い

1．水の流れによる恵みと苦労 …… 113
2．農をめぐる苦労と恵み――魚米の生業複合 …… 116
3．農具、農作業の服にも工夫 …… 121
4．圃場整備で「シルタ」の労働から解放されたが評価は多様 …… 123
5．あらたな時代の生業複合――「針江げんき米」と「生き物田んぼ」の挑戦 …… 126

第Ⅲ部　社会基盤を支える地域コミュニティ

第1章　若者を育てる地域の力

1．若者集団と社会的脆弱性の抑制 …… 133
2．日常社会生活を支える二つの系譜 …… 135
3．青年団の共有地を支える専用型管理の仕組み …… 138
4．将来性を埋め込んだ地域コミュニティの継承 …… 140

第2章　生活を支える基礎的な組織

1．年齢階梯組織は社会関係の柱となる …… 143
2．地域行事や人生行事を担う仲間型の社会組織 …… 147

3．近所づきあい組織が支える日常と非日常 …… 150
4．地域コミュニティの力 …… 154

第Ⅳ部　東アジアの中の魚米の郷――琵琶湖から太湖へ

第1章　水と生活――水上生活と陸上生活からみた自然との距離
1．琵琶湖と太湖――「似ているようで似ていない？」「似ていないようで似ている？」 159
2．水上生活からみた水環境とその距離 …… 162
3．陸上生活者にとっての川とその形 …… 167
3.1　「区分け」による川をめぐる利用慣習は女性の世界 …… 169
3.2　コモンズ環境をより自由で開放的にするための工夫 …… 172
3.3　利用権を広く許容する水辺の農村社会と女性による管理 …… 174

第2章　水と生業――資源の循環からみる生業複合
1．子どもも歩くより前に水に慣れることが大切 …… 177
2．溢れる水を活かす水田づくりと食用植物との複合農業 …… 179
3．養魚と多種栽培の生業複合――「水田養魚」システム …… 181
4．養蚕と養魚の生業複合――「桑基魚塘」システム …… 185
5．生業複合にみる循環システム …… 188

第3章　人と湖との関わりの今昔――生業複合から単一機能化へ
1．太湖と琵琶湖、体制は異なるが近代化の方向は意外と共通性が高い …… 192
2．2000年代以降の太湖の湖辺は、農漁業を切り離す景観へ …… 196
3．「開発・洪水防御型」から「生態保護・緑地型」の環境保全へ …… 198
4．琵琶湖研究者がたどる太湖をめぐる人びとの社会意識の変化 …… 201
――1980年代から2000年代へ
5．太湖での水辺環境変遷への人びとの評価 …… 209
6．生業複合から環境認識の単一機能化へ …… 212

終　章　地球規模での気候危機にコミュニティ主義は有効か？
1．マルクスも晩年にはコミュニティ主義を強調 …… 217
2．地域の力の起源となるレジリエンス（再生力）とは何か …… 220
――リスク社会を生き抜く生活哲学
3．流域治水政策は、地域共同体の内在的レジリエンスの強化をめざす …… 223
4．コミュニティ主義の実践と交流の場としての琵琶湖博物館 …… 228

5．「魚のゆりかご水田」と「琵琶湖システム」の世界農業遺産認定へ……… 230
6．中国におけるコミュニティ主義の新しい流れと世界農業遺産……………… 237
7．村域コミュニティの流域対策における河長制度に基づく実践と課題 …… 240
8．琵琶湖、太湖の新たな連携に向けて ………………………………………… 245

あとがき　249
参考文献　254

序　章

『成長の限界』から50年
──水と生きる地域コミュニティの意味を日中比較の中から問う

1　『成長の限界』50年後に提起された「気候レジリエンス」という提案

『成長の限界』という、地球環境や地球資源に関しての衝撃的な書が1972年に出版されてからちょうど50年、半世紀が過ぎた。メドウズらは当時のまま世界人口が増大、世界経済が当時のペースで成長し続けた場合、環境にはどのような影響がもたらされるのか、地球の物理的限界の範囲内に収めながら、すべての人を十分に満たすような経済を確保するにはどうすればいいのか、といった問題を提起した（メドウズ，1972）。

この書はスイスの民間シンクタンクのローマクラブが米マサチューセッツ工科大学（MIT）のデニス・メドウズ博士らの国際研究チームに委託し、システムダイナミクスによるシミュレーションの結果をまとめた報告書だ。彼らが対象とした必要要素は大きく二つに分類された。一つは、「食料、原材料、化石燃料や耕作可能な土地、清浄な水、森林、海洋」などの物質的資源である。もう一つは、「平和や社会的安定、教育、雇用、技術進歩」などの社会的な必要要素である（メドウズ，1972、34頁）。そして食糧や資源や健全な環境は必要条件であるが、十分条件ではなく、社会的条件が必要という。さらに、彼らは地球全体に広がる汚染の代表物質として、化石燃料の使用により、幾何級数的に広がる大気中の炭酸ガス濃度の増加を指摘する。核廃棄物の増大も警告する。そして、次の３点の結論をだした。

⑴世界人口、工業化、汚染、食糧生産、および資源の使用の現在の成長率が不変のまま続くならば、来るべき100年以内に地球上の成長は限界点に

到達するであろう。最も起こる見込みの強い結末は人口と工業力のかなり突然の、制御不能な減少であろう。

(2)こうした成長の趨勢を変更し、将来長期にわたって持続可能な生態学的ならびに経済的な安定性を打ち立てることは可能である。この全体的な均衡状態は、地球上のすべての人の基本的な物質的必要が満たされ、すべての人が個人としての人間的な能力を実現する平等な機会を持つように設計しうるであろう。

(3)もしも世界中の人びとが第一の結末でなくて第二の結末に至るために努力することを決意するならば、その達成のための行動を開始するのが早ければ早いほど、それに成功する機会は大きいであろう。

さてその50年後の2022年２月28日、「気候変動に関する政府間パネル(IPCC)」は、地球温暖化による最新報告書を公表し、世界の人口78億人のうち半数近くが、干魃(かんばつ)により慢性的な水不足など脆弱な状況下にあり、上昇幅が２℃の場合は世界全体で最大30億人、４℃だと世界人口の半数の40億人が危機状況に陥ると報告をだした。温暖化被害を軽減させる適応策は一定の効果をあげているが、地域差が大きく、取り返しのつかない事態が進行している、と強調した。(https://www.meti.go.jp/press/2021/02/20220228002/20220228002-1.pdf)

図１は、気候変動の影響が人間システムに与える地域別影響の領域と強度を示している。この図は、67か国の専門家270名が３万4000本の学術論文を参照して作成した最新の科学的知見のまとめである。例えば「水不足と食料生産への影響」では、世界全体では水不足は、中程度の影響で良い影響と悪い影響とがみられるとある。アジアでも同様であるが、アフリカではマイナスだけである。「農業・作物の生産」では、アフリカで非常に高いマイナスの影響を受けることになる。アジアでは非常に高い影響だが、マイナスだけでなくプラスも認められる。これは北部などで農業生産力が上がるというような影響となるだろう。災害に対してみれば、内水氾濫による損害や、沿岸域における洪水、暴風雨による被害では、世界全体で強くマイナスの影響が出ていることがわかる。

1970年代以降、1980年代のIPCCの設置、1992年のブラジル会議、2002年の

人間システム	水不足と食料生産への影響				健康と福祉への影響				都市、居住地、インフラへの影響			
	水不足	農業／作物の生産	動物・家畜の健康と生産性	漁獲量と養殖の生産量	感染症	暑熱、栄養不良、その他	メンタルヘルス	強制移住	内水氾濫と関連する損害	沿岸域における洪水／暴風雨による損害	インフラへの損害	主要な経済部門に対する損害
世界全体	±（中程度）	−（中程度）	○	−（中程度）	−（中程度）	−（高い）	−（高い）	−（高い）	−（高い）	−（高い）	−（高い）	−（中程度）
アフリカ	−（中程度）	−（高い）	−（低い）	−（中程度）	−（高い）	−（高い）	−（限定的）	−（高い）	−（中程度）	−（中程度）	−（中程度）	−（高い）
アジア	±（中程度）	±（高い）	−（低い）	−（中程度）	−（中程度）	−（高い）	−（高い）	−（高い）	−（低い）	−（高い）	−（中程度）	−（中程度）
オーストラレーシア	±（低い）	−（高い）	±（中程度）	−（中程度）	−（低い）	−（中程度）	−（中程度）	評価なし	−（低い）	−（高い）	−（高い）	−（高い）
中南米	±（低い）	−（中程度）	±（中程度）	−（中程度）	−（中程度）	−（中程度）	評価なし	−（中程度）	−（中程度）	−（低い）	−（中程度）	−（中程度）
ヨーロッパ	±（中程度）	±（高い）	−（中程度）	±（中程度）	−（中程度）	−（中程度）	−（高い）	−（低い）	−（中程度）	−（低い）	−（中程度）	−（中程度）
北米	±（中程度）	±（高い）	−（低い）	±（中程度）	−（高い）	−（高い）	−（高い）	−（高い）	−（中程度）	−（高い）	−（高い）	−（高い）
小島嶼	−（高い）	−（中程度）	−（中程度）	−（高い）	−（低い）	−（高い）	−（限定的）	−（中程度）	−（高い）	−（高い）	−（高い）	−（高い）
北極域	±（低い）	±（高い）	−（高い）	−（高い）	−（高い）	−（高い）	−（高い）	−（低い）	−（高い）	−（中程度）	−（高い）	±（高い）
海に近い都市	○	○	○	−（高い）	○	−（高い）	評価なし	−（中程度）	○	−（高い）	−（高い）	−（高い）
地中海沿岸地域	−（高い）	−（中程度）	−（高い）	−（高い）	−（低い）	−（高い）	評価なし	−（低い）	±（低い）	−（低い）	○	−（中程度）
山岳地域	±（高い）	±（中程度）	−（中程度）	○	−（中程度）	−（中程度）	−（限定的）	−（中程度）	−（高い）	na	−（高い）	−（高い）

気候配分への原因特定に関する確信度
● 非常に高い／高い
● 中程度
● 低い
○ 証拠が限定的、不十分
na 該当せず

人間システムへの影響
− 悪い影響の増大
± 良い影響と悪い影響の増大

図１　気候変動の影響が人間システムに与える地域別影響の領域と強度

出典：経済産業省産業技術環境局 地球環境連携室2022年２月28日同時発表：環境省、文部科学省、農林水産省、気象庁の公表された「気候変動に関する政府間パネル（IPCC）第６次評価報告書第２作業部会報告書」により引用。

リオ10会議や、また京都議定書などの議論を経て、今や人類共通の問題となった気候変動による影響をめぐる科学的知見がここまで網羅的にまとめられたことは人類として大きな到達点であろう。

では、この問題に人類として、いかに対応していくのか、そのヒントもこの報告書ではふれられている。まず「人々及び自然に対するリスクを低減しうる、実現可能で効果的な適応の選択肢が存在する。適応の選択肢の実施の短期的な実現可能性は、部門及び地域にわたって差異がある。適応策が気候リスクを低減する有効性は、特定の文脈、部門及び地域について文献に記載されており、温暖化が進むと効果が低下する（確信度が高い）。社会的不衡平に対処し、気候リスクに基づいて対応を差異化し、複数のシステムを横断するような、統合的な多部門型の解決策は、複数の部門において適応の実現可能性と有効性を向上させる（確信度が高い）」（同上７頁）。つまり個別部門別ではなく、「統合的な多部門型の解決策」が必要と主張する。

そのための解決策が以下に述べられる。「気候にレジリエントな開発は、政府、市民社会及び民間部門が、リスクの低減、衡平性及び正義を優先する包摂的な開発を選択するとき、そして意思決定プロセス、ファイナンス及び対策が複数のガバナンスのレベルにわたって統合されるときに可能となる（確信度が非常に高い）。気候にレジリエントな開発は、国際協力によって、そしてすべてのレベルの行政がコミュニティ、市民社会、教育機関、科学機関及びその他の研究機関、報道機関、投資家、並びに企業と協働することによって促進されるとともに、女性、若者、先住民、地域コミュニティ及び少数民族を含む伝統的に周縁化されている集団とパートナーシップを醸成することによって促進される（確信度が高い）。これらのパートナーシップは、それを可能にする政治的な指導力、制度、並びにファイナンスを含む資源、気候サービス、情報及び意思決定支援ツールによって支援されるときに最も効果的である（確信度が高）」（同上９頁）。ここでのキーワードは「気候にレジリエントな開発」であり、ここではコミュニティや市民社会など、また女性や先住民など、これまで外縁部に置かれていた社会組織に具体的に言及していることは重要である。またそのために必要なのが生物多様性と生態系保護だ。

「生物多様性及び生態系の保護は、気候変動がそれらにもたらす脅威や、適応と緩和におけるそれらの役割に鑑み、気候にレジリエントな開発に必須である（確信度が非常に高い）。幅広い証拠から導き出された最近の分析は、地球規模での生物多様性及び生態系サービスのレジリエンスの維持は、現在自然に近い状態にある生態系を含む、地球の陸域、淡水及び海洋の約30％～50％の効果的かつ衡平な保全に依存すると示唆している（確信度が高い）」（同上11頁）。生物多様性と生態系の保護こそが、気候レジリエントな開発に必須である、と結論づけている。

このあと、私たち、二人の著者は、人類が過去50年間、研究してきた気候変動にともなう環境破壊や汚染の進行に対して、きわめて具体的な一つのヒントを提示しようと考えている。それは、日本と中国の水田農業地帯で、何百年、何千年と長い時間をかけて、自然生態系と共生してきた、石油文明に依存しない「生業複合」の仕組みだ。同じ空間、近隣の空間で、米と魚、時として養蚕を取り込んだ「資源循環型」の農業生態系の仕組みである。特に、このような物質循環と農業生態系の背景に、どのような社会関係、そして人びとの感性が隠しこまれているのか、環境社会学の視点から記述をしていきたい。

というのも、過去の生態共生型システムは世界各地で破壊されつくしてきた。日本でもそうだ。それでも一部に遺されている。それもコミュニティや市民社会など、また女性や先住民など、これまで外縁部に置かれていて軽視されてきた社会組織に具体的に残されている。それが生物多様性と生態系保護と共生してきた生業や生活で、「気候にレジリエント」な仕組みといえる。

2 琵琶湖の「近い水」、中国太湖の「魚米の郷」は気候危機への改善策？

本書の著者の一人である嘉田由紀子は、人間が石油や核など、再生不可能な資源に依存する工業化や産業化に1970年代より大きな疑問をいだいていた。人類が石油エネルギーぬきに生きている地域を訪問し、その暮らしの仕組みを学びたいと思った。そして『成長の限界』が出版される１年前の1971年に一人、アフリカのタンザニアに文化人類学のフィールドワークに出かけた(渡辺, 1972；嘉田, 1973)。電気もガスも水道もない村落に半年間地域の人びとともに暮らし、「コップ一杯の水」を得るために、片道４kmも歩く人びとの暮らしぶりにふれた。また、雨期にしか穀物を育てられないサバンナ乾燥地帯での「一皿の食物」を入手する苦労を目のあたりにした。太陽だけは存分に降り注いでいるが、水も不十分で、大地も乾燥しきっているところで、その上石油文明のエネルギーの恩恵もない地域での生活の維持の困難さを身にしみて感じた。そして1972年にこの『成長の限界』を読み、石油資源に頼らずに、人類が数十年、数百年生き延びるにはどうするべきか、と問題意識をもった。1973年に環境と人間の共生関係を環境思想の面から研究する大学院があるということで、アメリカのウイスコンシン大学の大学院に留学した。

そこで出会ったのが開発経済学のキング教授だ。「今後の地球規模での水と人間の共生関係を研究するなら、アフリカでもない、アメリカでもない、日本に帰って、日本の水田農業や沿岸域の半農半漁の暮らしぶりを研究することで、その答えが得られるだろう」と指導してくれた。

それで1974年に琵琶湖辺の水田農村に入り、土地と水の利用の仕組みや、琵琶湖の魚類も同時に活用する「半農半漁」の暮らしぶりを環境社会学的に進めてきた（鳥越・嘉田，1984；鳥越，1989；嘉田，1995；2001；2002）。そこで発見したことは、昭和30年代までの琵琶湖辺の水田農業は化学肥料や近代農薬を使うことなく、まさに湖や河川や森林から栄養分を取り入れて自給農業を成立させ、同時に人間の屎尿も捨てることなく「養い水」として農業生産に活用する、徹底的に「資源循環型」の農業生産の仕組みだった。生活用水も水道はなく湖水、川水、井戸水など「近い水」を活用し、鍋の洗い水もコイなどの生き物が食べて、水そのものは清浄に保っていた。いわば、地域での「近い水」を活用していた。「田植え」から「稲刈り」まで農作業は基本的に人力と、地域により牛や馬を使っていた。一部には農耕用の小型耕運機が導入されていたが、基本は人力だった。

さらに大雨の時には、河川の見回りは村落で自主的に行い、河川の改修や堤防補強も村落の自主的な営みであった。小さな洪水は多かったが、人びとの洪水への備えは地域共同体として強固で、死者数は比較的少なくてすんだ。災害への備え、つまり地域での再生力（レジリエンス）が生きていたことになる。また治水工事の費用負担も、県などからの補助金もあったが、基本は住民負担だった。河川管理は河川沿線の地域共同体の自主管理に任されていた。治水の面でも「近い水」が生きていた。「近い水」とは、物理的に地域住民に近い水域を意味するだけでなく、管理面でも、地域共同体の自己管理が可能であった、という意味で社会参画の意味もある。そして同時に、心理的にも、自分たちの川、自分たちが共感をもって、利用しながら守る、つまり「守りをする河川」という意識が生きていたことを意味する。図２に模式図として示した。

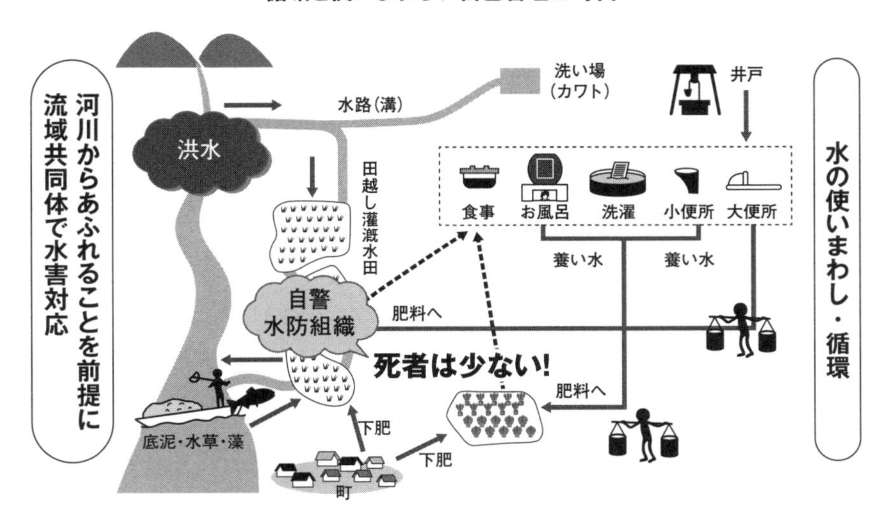

図２　「近い水」が生きていた時代の利水と治水の仕組み（琵琶湖辺をモデル）
出典：嘉田由紀子著『環境社会学』岩波書店2002年, P15に加筆

また湖岸の集落は水田や内湖と琵琶湖をつなぎ、できるだけ多くの魚類が陸地の人間側に近づいてくるような工夫がなされていた。例えば図３の上は、草津市の志那地区の昭和30～40年代の空中写真である。志那地区には、平湖と柳平湖という二つの内湖があるが、その内湖は、コイやフナなど多様な魚の産卵場にもなっていた。その産卵場の機能を強化するため、集落の人たちは、琵琶湖と内湖の間に小さな水路を数多くつくり、特に春先から梅雨時期にかけて、卵をもった親魚が内湖や周辺の水田に入りこめるような水路をつくっていた。地元では「24川」といわれ、まさに魚を内湖におびき寄せるための水路でもあった。図４の上は、野洲川が琵琶湖にそそぐ守山市の幸津川地区の昭和30～40年代の空中写真だが、ここも繁盛沼という内湖に魚をおびき寄せるために、30本を超える水路を規則正しくつくっていた。梅雨時期には、まさに島のようになってフナずしの材料になるニゴロブナなどが水路

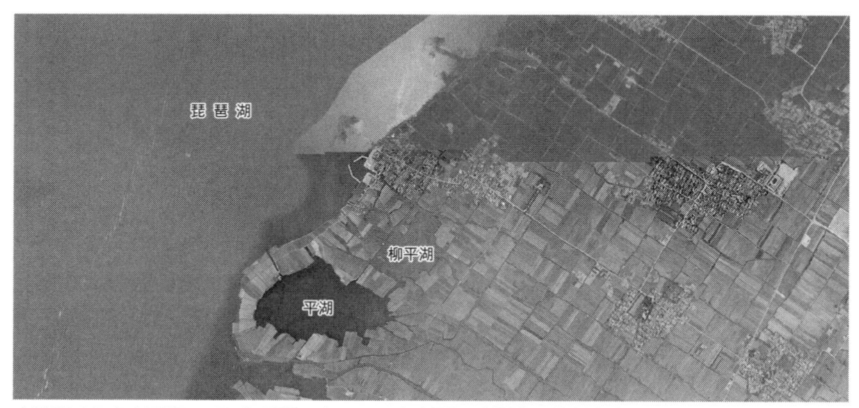

志那地区の空中写真　1961年（昭和36）～1969年（昭和44）撮影　地理院地図Vectorにて作成

志那地区の写真と水系　2013年（平成25）４月撮影　地理院地図Vectorにて作成

図３　草津市志那町の平湖、柳平湖と琵琶湖をつなぐ水路は人工的な魚おびき寄せ水路

や内湖、田んぼに押し寄せてきた。それを地元では「ウオジマ」と呼んでいた。しかもそれぞれの水路の入口には、川エリが設置され、エリの管理者も個別に決まっていた。幸津川は、今もフナずしを神饌（しんせん）とする、「すし切り祭り」のある下新川（しもにいかわ）神社が産土神（うぶすながみ）であり、まさに図４上のような地形の中で地域では食べきれないほどの漁獲高を確保していたのである。豊かな湖と水田、内湖の生態系が地域社会の祭り文化も支えていた。しかも石油や電力を使うことなく、自然の水の流れや水位上昇、そして魚の自律的な移動に任されて

幸津川区の空中写真　1961年(昭和36)～1969年(昭和44)撮影　地理院地図Vectorにて作成

幸津川区の写真と水系　2013年(平成25)４月撮影　地理院地図Vectorにて作成

図４　守山市の幸津川地区の水路も琵琶湖から内湖への魚おびき寄せ水路が40近くあった

いた。まさに「近い水」「近いエネルギー」「近い人」が維持していた、資源循環型の生業であり、生活だった（嘉田，2001）

しかし、これらの自給的な「近い水」の暮らし、「近いエネルギー」「近い人」が担ってきた農業生産は昭和40年代以降の近代化の中で急激に変わる。まずは人手を省く方法から、除草剤などの農薬が導入され、飲み水が汚染され始めた。そこから水道のような、「遠い水」が導入される。生活様式も油分などの利用が増え、洗濯機なども導入され、河川や琵琶湖の水質汚濁が進む。

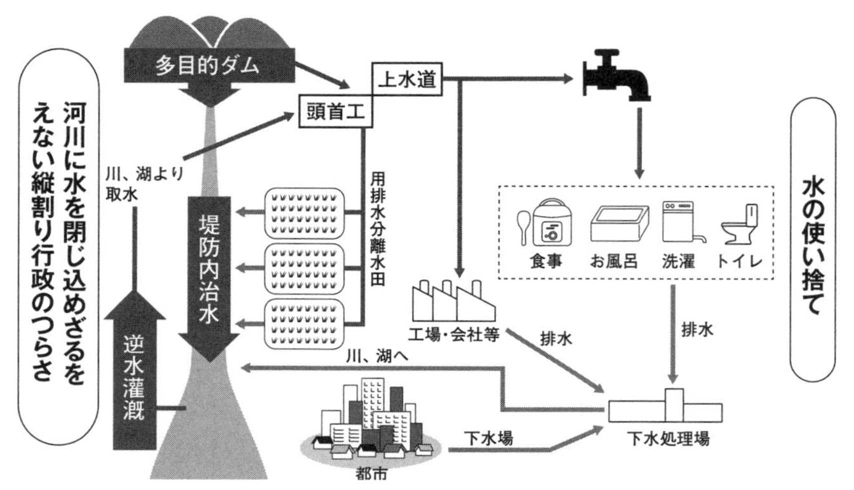

図５　「遠い水」となった利水と治水の仕組み
出典：嘉田由紀子著『環境社会学』岩波書店2002年，P15に加筆

それに対応して、下水処理場が広がり、人間の屎尿は、肥料としての栄養分ではなく、排除するべき汚濁物に変わる。都市化が進んだ地域では工場排水も増えてくる。住宅団地が進出してくると、排水が増えて、下水道導入要望は一層強まってくる。エネルギー的にみると、水道も下水道も、電気や石油エネルギーなど、海外からの輸入に依存する「遠いエネルギー」が導入されてきたことを意味する。

同時にそれまでの農地が宅地化されると、河川の中に洪水を閉じ込めて都市開発用地の需要が増え、河川の堤防を高くして、上流部には治水ダムをつくるニーズも高まってくる。それまで治水事業は地元住民の負担があったが、昭和20年代後半からは、完全に公費負担となり、河川管理者としては、治水は税金で賄う必要が出てくる。一方、利水ダムの負担は水道（農業用水）利用者からの賦課金で賄うことができるように、同じダムをつくるなら多目的ダムが行政としては合理的な判断となる。それで河川の最上流部から下流部ま

1954年（昭和29）　（写真撮影：藤村和夫）

1997年（平成９）頃　（写真撮影：古谷桂信）

図６　守山市内幸津川地区の水路、同じ場所がコンクリート道路になった（農業用水は琵琶湖から電気でくみ上げる逆水灌漑となった）　（写真提供：滋賀県立琵琶湖博物館）

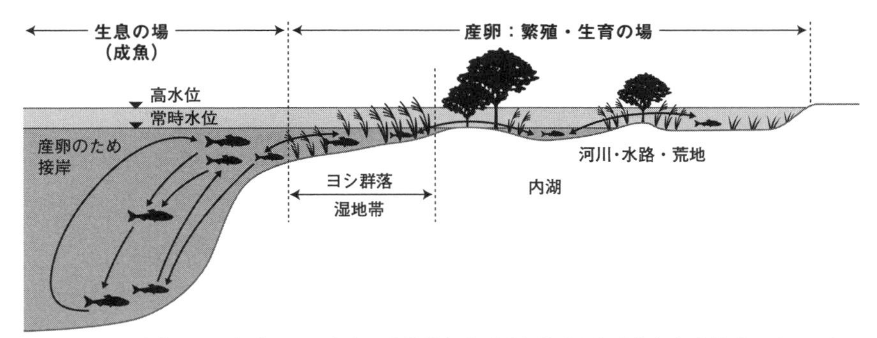

図７　昭和30年代から40年代の琵琶湖岸の水陸移行帯（滋賀県琵琶湖環境部水政課『マザーレイク21計画—琵琶湖総合保全整備計画』掲載の図をもとに作成）
人為的な水位操作で、在来魚介類は産卵場所を失ってしまった

で水系一貫の管理の仕組みが必要とされ、1964年（昭和39）の河川法改正となり、多目的ダムと堤防の強化が図られる。河川内部に洪水を閉じ込める河川政策は、昭和40年代から平成時代に求められた河川政策となった。住民にとってみたら、物理的に同じ河川でも、一級河川化などが進み、県や国が管理を進めるようになり、住民が河川を利用する自由もなくなり、また河川の守りをする必要性も失われ、川は県や国のものになる。物理的に近くても、社会的な参加度は低くなり、心理的にも「遠い存在」となっていく。住民にとっては、河川管理の負担が減り、喜ばしい面もあったが、河川の水利用や河川敷の利用など、地域の自由度が低くなり、さびしく思う住民もいた。

日本全体が高度経済成長期に入り、都市用水の需要が増えると、水源開発

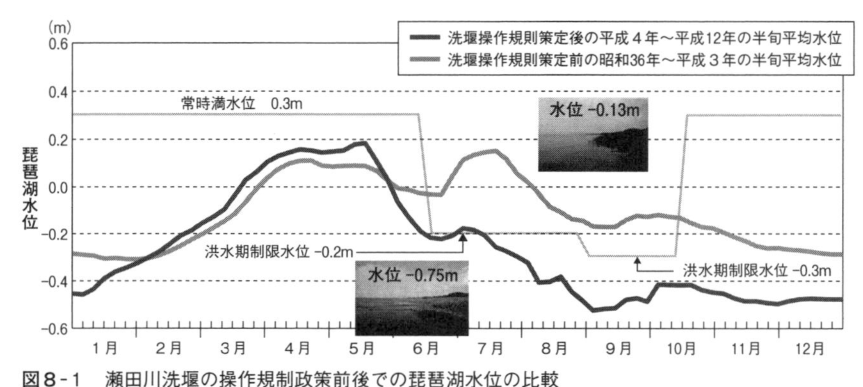

図8-1　瀬田川洗堰の操作規制政策前後での琵琶湖水位の比較
（琵琶湖・淀川流域圏再生推進協議会サイト「琵琶湖・淀川流域圏の再生」掲載の図をもとに作成）

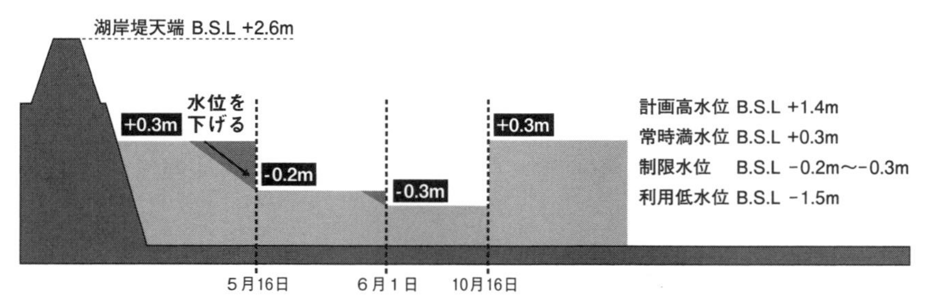

（注）Ｂ．Ｓ．Ｌ　琵琶湖基準水位：T.P+84.371m　　制限水位　梅雨や台風期にあらかじめ下げておく水位
計画高水位　計画規模の洪水時の最高水位　　利用低水位　計画規模の渇水時でも利用できる最低水位
常時満水位　洪水期以外の期間における利水目的のため貯めることができる最高水位

図8-2　瀬田川洗堰の操作による琵琶湖の水位管理（国土交通省資料をもとに作成）

が進み、水源用の利水ダムが必要となってくる。京都、大阪、神戸など京阪神に水道水源を供給していた琵琶湖に対して一層の水道水源としての要求が高まってきたのが昭和30年代だ。そして10年以上の上下流の協議の結果、1972年（昭和47）に「琵琶湖総合開発」が始まる。琵琶湖総合開発では、琵琶湖周辺のヨシ帯や水田をつぶして湖をぐるっと囲む湖岸堤防をつくり、上を移動できるよう道路建設も進んだ。その結果、図７のような湖周辺の水田やヨシ帯をつなぐ水路も切断され、魚の産卵場も失われてしまった。同時に内湖そのものも水田などに干拓された。その上、琵琶湖総合開発は、下流のための治水目的もあり、梅雨時期や台風時期には、あらかじめ琵琶湖の水位をさ

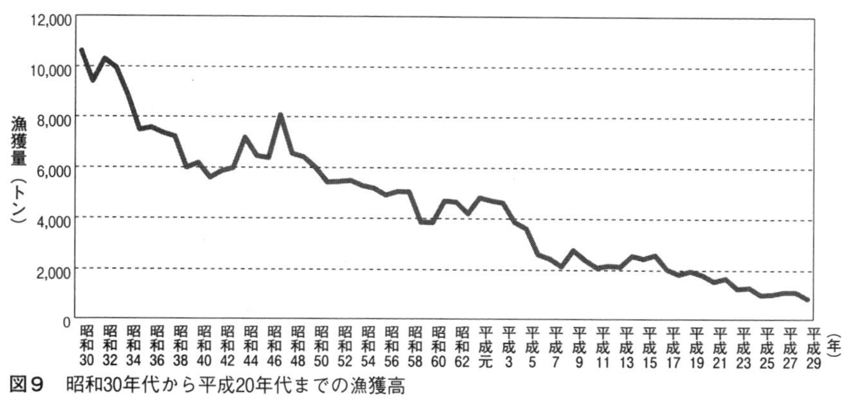

図９　昭和30年代から平成20年代までの漁獲高
（昭和29～平成21年度近畿農政局滋賀農政事務所「滋賀農林水産統計年報」、平成22～29年度農林水産省「内水面漁業生産統計調査」をもとに作成）

げて、治水ダムの役割を果たすことを求められ（図8-1、8-2）、魚の漁獲高は急速に減少した。

図９には、昭和30年代から平成20年代までの漁獲高の減少を示してあるが、琵琶湖総合開発が始まり、また水位操作規則が変えられる中で、急激に漁獲高が減ってしまったことが示されている。まさにこの時期が、『成長の限界』で、生態系が破壊され、生物資源が減少する、その時期と重なっている。

本書のもう一人の著者である楊平は、琵琶湖や太湖、洞庭湖をフィールドに調査を行い、自然と人の関係について社会学的研究を進めてきた。その中で、河川や湖の水位の上昇にあわせて、長江下流部の太湖周辺や、中国・珠江デルタで繰り広げられている資源の循環的利用は、これまで人類が到達した資源循環の中でも最も精緻なものとして評価ができるようになる。それが「水田養魚」や「桑基魚塘」である。

「水田養魚」は、米づくりとともに養魚もできる生業複合の工夫である。水の利便性を最大限に活かし、多様な資源間の相乗効果を図ることで、米づくりとともに養魚もできる工夫である。養魚と水田との関係の側面からみると、稲の栽培と養殖を分ける「分離型水田養魚」と、稲の栽培と養殖を分けない「同所型水田養魚」の形態がある。図10には、養魚の池でのハスやヒシの水草の栽培と、水田の水の流れがつながっている有様を示してある。魚はヒシ

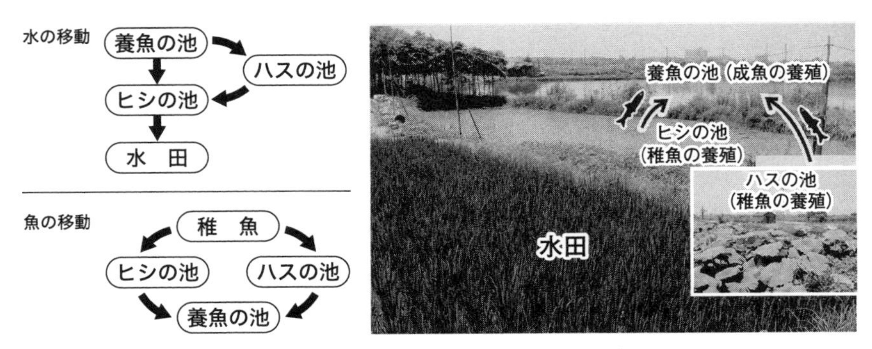

図10　「分離型水田養魚」の略図（稲の栽培と魚の養殖・飼育の分離）

の池とハスの池を移動し、成魚を育てる養魚池におちつく。魚や水の移動には、石油エネルギーなどの人為的なエネルギーは利用されていない。

また「同所型水田養魚」は、魚の産卵から生育までを水田で行う仕組みであり、卵を抱えた親魚の移動に人力は使われるが、石油エネルギーが必要とされない、伝統的な水田養魚の仕組みであり、2000年以上の伝統があるといわれる。

「桑基魚塘」とは、魚と養蚕、蚕の飼育が合体され、巧みな栄養分の循環型の生業複合がなされている。具体的には、池の堤防に養蚕用の桑を植え、池で魚を飼うことである。桑の葉で蚕を養い、蚕の糞（ふん）が魚の餌となり、魚の糞は池底の泥となる。その泥をすくい上げて桑畑の肥料とする、という循環的農法である。図11にその仕組みを示してあるが、「桑基魚塘」システムには、多様な資源と深い関わりをもっている。「桑基魚塘」を維持するには、稲藁や家畜の糞や泥を用いるほか、貝殻を田畑の肥料としても利用される。桑は「捨てるところがない」というほど、そのすべてが資源として利用される。桑の根は、漢方薬に、葉は人間と蚕の食材、枝の皮は製紙の材料、桑の木に生える黒いキクラゲは食材として利用される。稲藁は蚕のねぐらとして利用される。

中国でのこれらの生態系に順応的な生業複合の仕組みについては、第Ⅳ部２章で詳しく記す。

写真１ 同所型の水田養魚

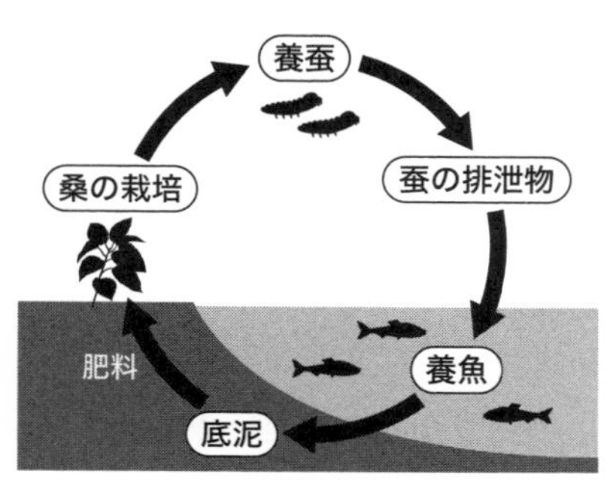

図11 桑基魚塘の物質循環の略図

嘉田由紀子と楊平の研究は、「過去ののどかな時代のノスタルジー」と思われ、そのような批判もいただいた。また社会的にみたら、小さなコミュニティや、女性や高齢者がひっそりと維持してきた生業や生活の仕組みは、いわば地球規模での環境問題においてはもちろんのこと、中国や日本の国民国家の中にあっても、周縁部での出来事である。しかし、今、石油文明による気候変動の危機の中で、改めて生態系の保全と生物多様性の維持を埋め込んだ、持続可能社会を構想するために、これらの研究の内実を社会化することに意味があるのではないか、と考えるようになってきた。

しかも嘉田と楊は、母娘のように世代が異なり、また中国と日本という育った文化の違いを越えて、「魚米の郷(さと)」や「針江(はりえ)」に魂をうばわれ、聴き取り調査にのめりこんできた研究仲間でもある。異なった文化で、また異なった世代で育ってきた二人がまさに世代と文化をクロスしながら、まとめあげたのが本書である。本書が、過去のノスタルジーではなく、地球の未来に人類として生き延びる一つの生態適応の、地域共同体の役割を最大限に活かすことができるライフスタイルを示すことになってほしいと願う。まさに「懐かしい未来」として、未来の方向を照らし出す書籍となってほしいと願っている。

3 水と生きる地域社会を問う
――脆弱性をいかに乗り越えるか

序章でみてきたように、地球規模でみた成長の限界の隠れたテーマは「脆弱性」の克服である。1972年に問題提起をした『成長の限界』の、そのテーマ性を引き継ぎながら、50年後の今の地球規模で広がる環境破壊や汚染問題の出口は「脆弱性」の克服、あるいは「レジリエンス（再生力）の確保」となるだろう。そこには生態系の中で内在する脆弱性、人と人の関係性を媒介とした脆弱性という２種類があるだろう。「人と自然」と「人と人」の関わり方を改めて考えるきっかけの一つは、人びとが自然や社会の脆弱性に直面するときであろう。地域社会には、水害などの自然災害にともなう生活上の不安や、社会保障や支援基盤の不備などという非常時における脆弱性が潜む。それと同時に、実は、非常時のみならず、水をめぐる暮らしや地域への配慮など、地域社会の問題とそれを解決する社会的仕組みにおける脆弱性が平常時にはつきまとう。これらの脆弱性を乗り越えて、より「安心・活力」のある地域であってほしいと、人びとは望むこととなるだろう。しかし、非常時の脆弱性は見えやすく、対処の処方も言語化し、伝達しやすい。一方、平常時の脆弱性は構造的にも見えにくく、対処の処方も言語化しにくく、それゆえ社会的に伝達し、埋め込むことが困難である。

そのために、私たちは人と水の平常時の関わりの見えない構造、見えにくい構造をあぶり出すことで、非常時の問題への対処の構造をあぶり出そうとした。それが、伝統的な暮らしぶりや、生活者の経験と知識、社会的関係に光をあて、見えにくい構造をあぶり出し、今の近代的な暮らしぶりに活かそうとした。その一つの視点が、「生活環境主義」である。別の言葉でいえば、生活世界の脆弱性をいかに内在化し、構造を理解して、飼い慣らしていくか、という生活者戦略の見える化、言語化でもある（鳥越・嘉田, 1984）。

水というのは、そもそも物質的にとらえにくい。そのとらえにくい物質にまつわる社会関係はもっと見えにくく、とらえにくい。水と人の関わりは、時には濃厚、濃密な形態にあり、時には緩やかな、弛緩した形態にある。

近年、水の豊富な地域では、湧水や川、湖などの水のある身近な環境を地域資源として活用し地域社会の「活力」を取り戻そうとする地域づくりが行われている。その中で、例えば、川で水遊び、農漁業の体験、生き物の観察など、身近な水環境にふれ合いながら、その暮らしや地域を親しむ機会を増やそうとする取り組みも注目されている。これらの活動をきっかけに、地域独自の特色がより顕著に表れてくる地域もある。人びとは、水との関わりの共通経験と照らし合わせながら、地域課題への探索の時期を迎えたり、その実践や定着を促したりする数々の働きかけを進めてきた。それらは、水と生きる生活世界を未来へ引き継ぐための、生活・生業体系の中において蓄積された経験の発現ととらえることもできよう。

水をめぐる環境は、単なる水道的機能や地域資源としてだけではなく、地域を変える力をも備えているといわれている。その地域の「力」の原点は、水と生きる人びとの暮らしの中にあるといえるだろう。その暮らしのあり様を、水との関わりの「飼い慣らし」に学びたい。「飼い慣らし」という言葉は「都市の飼い慣らし」(松田, 1996) から援用している。松田素二は、「絶望の都市世界に飛び込んでも、彼らは自らの能動性によって、最後にはその世界を彼らの側に奪い返してきたからである。圧倒的な絶望世界を内部から突き崩し、自身の生活の便宜に合わせて、再構築していく。それはまるで『都市の飼い慣らし(ドメスティケーション)』過程といってもよいものだった」(松田, 1996) と述べている。本研究が方法論的に依拠して考えれば、水と人の関わりの中で多様な生活の実態を慣習としてどのように組み込んでいるのか、水環境にどのような働きかけによって今日の姿になっているのかを記述する。人びとは、暮らしの実態をベースにし、これまでの共有経験を活用しつつ、それをいかに今日の地域社会に組みこみながら慣習として残すのか。これらのプロセスにおいて、水との関わりにおいて「飼い慣らし」の過程を経るところにあったといえよう。

4 活力のある地域社会
――地域再生に向けたレジリエンスの見えない仕組みの見える化

ここ数十年の間、日本に限らず、世界各地で、近代化が進む中で、地域の自然や人びとの生活や生業の変化が進み、地域住民の活動も著しく変わってきている。「成長の限界」で紹介したように、一言でいうと、石油エネルギーに代表される外部エネルギーの導入とそれを活用する近代技術の導入が最大の契機となった。地域コミュニティは、よりよい自然や暮らしを求めて、真摯に地域と向き合いながら、多様な地域課題の解決に向けて、身近な自然資源と社会的関係を維持しながら、生活を成り立たせてきた。その中で、自然や暮らしを守り貫きつつ、「安心や信頼」をともなう取り組みを営む地域も存在する。そこでは万一地震や洪水のような災害が起きても、日々の衣食住や人間関係を維持できるから安心である。そこから浮上する問いは、活力のある地域社会とはどのようにとらえられうるのであろうかということである。その社会は、どのような仕組みによって支えられ、そしてその様態をどのように保ちうるのであろうか。ここでは活力のある状態であるかどうかという、その「基準」ではなく、活力をもって機能することに向け、日々の暮らしをどう組み立てるか、という地域社会の多彩なありさまが本書における関心である。地域が活力をもって機能するための仕組みを整え余力を蓄えておくことで、日常であろうと非常時であろうと地域はスムーズに機能する。言い換えれば、地域のいろいろな蓄えを活かして推し進めた結果、地域の力として保つことにつながれば、これは活力をもって機能する地域の原動力であったということになる。そうであれば、地域の力というものは、過去から将来を見据えて蓄積していくということを前提にして保たれうるものであろう。この全体の構造とプロセスを、自然との関係性を飼い慣らす、としたい。この発想の源は、生活環境主義の理論の中から援用した（松田, 1996）。

ここに収められたものは、地域での学びを取材した一端ともいえる。したがって、「地域の力」の蓄えは、「人と自然との関わり」への関心に基づき、生活や生業の中からとらえようとしているものである。地域はどう力を蓄えるかについて、地域社会の暮らしの中から何を読み取るかの探索を続けていきたい。

現在、災害社会学などで課題とされている「レジリエンス」（再生力）の見える化のプロセスともいえる。地球温暖化が否応なく進み、災害リスクが高まる現在地球上に生きる地域住民にとって、伝統的といえる地域社会に埋め込まれた、自然との関わりを飼い慣らした、その再生力こそ、今の地域社会の底力といえるだろう。地域の伝統的個性と特色の中から、そのレジリエンスの仕組みを描いていきたい。そのためには、具体的なフィールドを通じて検討することが必要である。

5 フィールドとのめぐり逢い ——水とともに生きる地域

ふだん、私たちはどこかの地域へ出かけていくときに、「何かに魅かれる」と感じることが多々あろう。地域の元気なところや明るい出来事などが何気なく印象に残ることは、誰でも多かれ少なかれ経験する。それは、その地域に居住する人びとにとっては、その時、その場所、その出来事が次第にその地域や暮らしのメモリーに、豊かに記録されていくからである。そして、これらの多様な工夫の蓄積は、地域社会の中で共有・伝授されていき、時代や環境の変化とともに刻まれていくのである。このことは、ある種の地域の力の底流として位置づけることができる。地域社会の中で、長い時間、ある意味、飼い慣らされてきた暮らしのあり方ともつながるものである。日常時における人びとの生活リズムといったものは、地域社会を形づくっていくその根幹となっていくのであろう。そのような地域は、日本各地に残されている。

日本最大の湖であり、日本最古の古代湖でもある琵琶湖周辺には、その自然の歴史の深さと、人間の歴史の濃密さが多く存在する。琵琶湖辺の村むらは、江戸時代の地域共同体の数でいうと約200村ある。そのそれぞれがいかに濃密なる個性をもって、農業だけでなく、漁業や林業、そして手仕事を含めて手工業で生業を成り立たせてきたかが濃密に記録されている（農山漁村文化協会，1995)。

水と生きる多種多様な地域として、例えば、琵琶湖辺までは徒歩圏内という比較的近い位置にある200村落の中で、高島市新旭町針江は、その一つである。筆者の一人、楊平がここへ初めて訪れたのは、2009年８月のお盆の時だった。この日は夏祭りで、地区の中ほどにある日吉神社の境内で開催されていた。その当日の様子は今でも鮮明に記憶している。

かき氷コーナーを担当する子どもたち、お孫さん連れのおじいちゃんおばあちゃんたち、かつての田んぼ仕事の時に着た農作業着姿の女性たち、祭りの準備に忙しい大人たち、楽しむ人びとの姿。そして、神社の入口近くの水路に清らかな水が流れて、そこに泳ぐ魚を見つめる子どもたち……笑顔が溢れる人びと、賑やかで楽しい雰囲気……など。わたしの記憶には、そのような地域社会の光景が深く刻まれている。その後は、夏の盆祭りの時期ばかりでなくふだんの日にもいろいろな話を聞くために訪ね続けている。

その日見た光景をきっかけに、いくつもの問いが浮かんできた。地域は、どのようにしたら「活力」を保ち続けるのであろうか。人びとは、地域社会に何を求め、どのような関わりを持って暮らしているのであろうか。

地域の多様な出来事は、それぞれの以前と以後の多くの事象と時間的に一つの線上にあり、相互に連続性があるはずである。そうだとすれば、過去の出来事の累積が、現在、そして将来へつながるという見方も可能だろう。つまり、日常的な暮らしにまつわる事象から、これからの地域づくりに向けた何らかの連続性が見えてくるのではないだろうか。その連続性の裏には、地域社会を維持してきた人びとの社会的戦略が、意識するにしろしないにしろ埋め込まれているはずである。その戦略は、特に、琵琶湖辺のように、巨大な湖という自然の仕組みに寄り添いながら、それをうまく飼い慣らしながら、適応し、進化をしてきたのである。その構造を、琵琶湖の自然を飼い慣らしてきて、と表現したい。

本書では、水や水辺を中心に形成される暮らしのリズムにその戦略と系譜を訪ねてみる。暮らしを支える地域の底力というものが基盤にあるならば、どのような形で表れているのだろうか。特に地域の脆弱性（リスク）を克服しうる、人と自然のその関わり方に注目する。それは未来に向けての地域力の再生（レジリエンス）に結びつくだろう。とりわけ、自然に対する人びとの真摯に向き合う姿勢や工夫について、その生活や生業システムの中から問いを発してみたい。

一方、嘉田由紀子はすでに1980年代から、水道が入る前の生活用水の調査のために、針江集落を訪問していた。住宅の中に湧き出る湧き水の利用に感嘆し、「川端（カバタ）」文化の価値を広めたい、と針江のカバタをモデルにしながら、1990年代には、滋賀県立琵琶湖博物館にカバタを含んだ民家の再現展示を実現した（嘉田・古川，2000）。また後にふれるが、2000年代以降は、針江地区が生水（しょうず）の郷（さと）委員会をつくる時に相談にのり、国際的な交流の橋渡しなども行った。しかし、嘉田自身は、針江の社会組織についての調査研究は行わず、仲間の小坂育子が自治組織とカバタの関係などの調査をして、まとめて発表した（小坂，2010）。

6　本書の問いと構成
――地域レジリエンスを構成する三つの層

「こうしよう……、これならいい……」と、フィールドの現場でたびたび語られる人びとの何げない言葉にも心打たれることがある。それはなぜであろうか。

人びとの言動について柳田国男は、「人間のすることで、ことに多くの人が集まってともどもにすることで、理由のない言葉なり行動なりはないはずだ」（柳田，1947）と指摘している。この示唆からは、その時のその現場における、みんなの「望ましい方向」が選択されていることが推察できるであろう。

では、そうした「望ましい方向」を向いて歩む地域は、何によって支えられているのだろうか。

本書の前半は、このようなある意味素朴な「問い」を軸に、琵琶湖という大自然の水を介した人と自然、人と人との関わり、暮らしのありようを記録している。その中から、地域を支えるその「力」とは何かを探究する。後半は中国南部の水辺の村を対象としている。地域を活性化に導くその力を以下の三つの論点から検討することにする。これを、地域レジリエンスを構成する三つの層ととらえる。

１点目は、生活における水に対する慣習的関わりを保つための賢明な判断についてである。その判断は、個人というより集合的な社会的判断といえる。

２点目は、異なる条件の水辺環境に対して、使い分けのある生業戦略を駆使し、水がもたらす恵みと災い（リスク）に対応する工夫とその仕組みについてである。

３点目は、社会的基盤を支える生活組織の多様性と重層性についてである。

本書はこの３点を検討するため、主に「水と生活」、「水と生業」、「生活組織」から成る構成とした。

第Ⅰ部では、「水と生活」を題材としているが、人びとがいかに水に寄り添う生活を営んでいるのかという「不思議であって不思議でない」日常を描いた。その中で、特に子どもたちが安心して楽しく遊べるコモンズ（共有空間、共有資源）とはどのようなものか、さらにその変化から生まれる新たな人びとの対応とはどのようなものか、といった「日常の力」について扱う。子どもの遊びは、自然の仕組みに寄り添い自然発生的であり、それだけに、創発的で、想像力に溢れたものとなりうる自然との関わり合いの原点ともいえるからである（嘉田・遊磨，2000）。

第Ⅱ部では、「水と生業」を題材とし、内湖のエリをめぐる「配慮型技法」を貫く漁業戦略のありかたと、常に水とせめぎあう漁・農業の営みとはどのようなものかを記述する。琵琶湖にはその400万年の自然の歴史ゆえの固有種が進化し、人びとが住みついてから数万年の漁業の歴史がある。魚種が多いだけでなく、漁法も固有で多様である。しかもその漁業は、農業とともに生業複合を構成し、人びとの暮らしの安心につながってきた（琵琶湖博物館編，1996）。そして、このような農漁業をめぐる人びとの自然への姿勢とそこに秘められた思想と戦略についてふれ、それらが「生業の力」となりうる要因を探究する。

第Ⅲ部では、人びとが多彩な「つながり」を結合させるために、「基盤型組織」と「脆弱回避型組織」というべき２類型の組織を併存させる社会基盤づくりをしているその実態を明らかにする。また、そこから読み取れる「社会的組織の力」について検討する。

第Ⅳ部では、東アジアの中で水郷地帯における「水と生活・生業」の営みを対照的にみることで、水辺暮らしの特徴をより広い視野から眺めてみたい。そこから、今後の水郷地帯における人と水の関わり合いの中で地域の力となる要素も見えてくることだろう（琵琶湖博物館編, 2014）。

本書は、環境社会学的な調査研究をベースに、「人と水の関係」（第Ⅰ部 水と生活と第Ⅱ部 水と生業）と「人と人の関係」（第Ⅲ部 組織）という、水を介した「人—生活・生業—組織」の関係の中で、地域の力を高める方法論的探究を試みるものである。そのことで、今、地球規模で問題となっている、自然環境の大きな変化に対応できる人間社会の再生する力（レジリエンス）の仕組みを提案し、地域研究から地球規模での環境問題への問題提起としたい。

7 分析視角
——距離を共感する「社会関係」

人と自然との関係は、「人と自然」と「人と人」のどちらか一方の働きかけが崩れると、地域での暮らしに支障が出てその社会が脆弱になりやすくなる。シンプルに言えば、自然に対して人が手を加えすぎると、自然は破壊される。逆に、自然の力が大きくなりすぎると、人びとの生活や生業は、崩れたり災害に遭遇したりすることになる。自然は社会的存在であり、社会も自然の内部で構成されている（丸山, 1997）。それは地域レベルでの生活や生業、文化との相互関係の中にとらえられうるものであり（関, 1996）、すなわち「人間と自然との関わりの歴史、人間と人間の関係の歴史」が「内包された自然」（宮内, 1999）ととらえられるのである。つまり「地域の中にあるすべての素材に価値」（吉兼, 1998）があるとのとらえ方から導き出されるものである。

人と自然との関係についての研究蓄積は、環境社会学の分野では大きく次の三つの流れに分類できる。⑴コモンズ研究における「セミ・ドメスティケイション」(松井, 1989)、メジャー・サブシステンスに対比される生業活動のマイナー・サブシステンス(松井, 1998；2004)、(2)「距離論」(嘉田, 2002)、(3)「半栽培」(宮内, 2009)の研究である。

松井健一は、北アメリカや日本、西南アジアンにおける、人間と植物との間における相互依存について考察している。「人間とこれらの植物の相互関係は、安定していて持続的であり、人間の生活の大きな局面がこの相互関係に支えられている」(松井, 1989：45)ことから、松井は「セミ・ドメスティケイション」と定義している。

これに対して、宮内泰介は「半栽培」の概念を定義している。その詳細については、「栽培化」の前段階としての「半栽培」ではなく、「栽培」と並行して存在するものとしての「半栽培」であると述べている(宮内, 2009)。そして、「採集から栽培に長い年月をかけ移行していくそのプロセスの中での「半栽培」でなく、ある時点のある地域における自然との関係が、野生と栽培との間のさまざまなバリエーションを持っている、という意味での「半栽培」である」(宮内, 2009)と説明している。本書で取り上げる事例地においても、その関わりの多様性からみて、「半栽培」のような関係がみられる側面がある。ただし、そこで関心を向けたいのは、野生と栽培における人と自然の関係ではなく、自然にやってくる魚やそこにあるヨシや水の溢れ具合など、それぞれの環境における人間側の姿勢についてである。

人間と自然との「距離」について、嘉田由紀子は「ひとつは人と自然の関わりを示す自然の「認知的距離」の問題であり、もうひとつは人と人の関わりを示す「社会的距離」の問題」であると定義した(嘉田, 2000b)。ここでいう社会的距離とは、「遠い水、近い水」(嘉田, 2000b)と呼び表した人と自然との物理的・心理的な距離のことである。これについて、嘉田は、滋賀県の琵琶湖畔に居住する人びとと湖との関わりを例にして、「湖は自分たちが利用し、自分たちが管理し、自分たちのものなのだ。国のものでもない、行政のものでもない、自分たちのものという社会的意識の近さである」(嘉田・遊磨, 2000)と論じている。

こうした社会的距離を測りながら、地域資源を利活用する形での自然保護や地域活性化策を展開する地域が増えている。そこでは、特に「人や生き物や環境とお互いに「共感」しあえる関係」(嘉田, 2000b)からの発想を源泉としている。その中には、住民同士や直接縁のない外部の人びととの連携を模索しながら活動を継続させているケースもある。こうした一連の動きの中で、人びとをまとめているのが「共感」であった。その「共感」をもたらすのは、人と自然、人と地域との心理的距離でもある。ここでいう「共感」とは、自然を介して人と地域とがわかり合うことが含まれる。

さらに環境問題を解決するには、「人と環境の共生を願うなら、そこには、人と人の共生も含めて、いったん広がってしまった「遠い世界」」を、身近に「近く、自分の問題としてとらえる「自分化」という認識と働きかけが必要」(嘉田, 2000b)だと嘉田は提唱している。この研究知見を受け、琵琶湖畔に住む人と湖という自然との関わりがそうであったように、「近い距離」と「遠い距離」(嘉田, 2000b)との間を揺れ動くものとして考えられる。その関係性は、さらに広げて地域社会の中でいかに社会的距離を近くして、互いに「共感」できるようになれるのかどうかが、地域再生を果たせるか否かも左右するといえるのではないだろうか。

人と自然が、「近い距離」にある地域社会を考える際に、そこにはどういう仕組みが潜んでいるのであろうか。それが地域再生にも有効に寄与するような働きかけのしかたとは、どのようなものであろうか。これらの問いに対して、ここでは人びとの暮らしの中に蓄積されてきた共有経験に即して検討してみたい。その際、事例を検証するための分析枠組みとして、そこに居住する人びとの暮らしの中から、「総有」、「距離」、「生活組織」を軸に人と自然の関わり方を検討していく。

先行研究においては、自然を利用・管理する際に秩序や規範やルールがあることで、自然が保全され、地域内の社会秩序も守られてきたことが指摘されてきた(井上, 2001;斎藤, 2009;黒田, 2009;菅, 2009;廣川, 2014など)。井上真は、共同管理の仕組みについて、「タイトなローカル・コモンズ」と「ルースなローカル・コモンズ」に分類している。この二とおりのうち、より明確な権利・義務関係が生じるのは「タイトなローカル・コモンズ」であると示唆している（井上，2001）。また、黒田暁は、北上（きたかみ）川河口地域の資源利用の事例を取り上げ、「地域組織のローカル・ルールに資源利用の規制を受けつつも、その中で個々に暮らしを組み立ててきた」（黒田，2009）ことを指摘している。これに対して、菅豊は「半」の発想を提示している。菅は「人間の営為の極度な行き過ぎを是正する「半」の思想が貫かれていることに気づかされるのであろう。いま、「全」が行き過ぎた時代に生きる私たちは、じつは無意識に「全」に対する「なかば」の状態、「不完全」な状態、「途中である」状態、「割り切れない」状態をあえて受け入れ、容認する方向性を生起させつつある」と述べている（菅，2009）。

これに反して、完全もしくは「半」の思想に基づく秩序や規範、ルールなどがなくなると、自然はどうなるのであろうか。こうした「法理的社会規制や条件」が継続されても、時代や社会情勢の変化にともない、地域や自然は必ずしも望ましい状態に置かれるとは限らないこともあろう。

それゆえ、自然のために人間や地域に規制をかける方策をとるよりも、人間が自然を利用しながら、おのずとそれを維持・管理するその原点となる態度や姿勢を保ちうるような、地域社会の文化的、社会的基盤づくりが重要であると考える。この基盤づくりは、人と自然の関わりの「自由や信頼」に基づく多様な仕組みを含めて、「近い距離」にある地域社会の生活基盤を守り、育て、未来に向けて続けていくことと同義になるだろう。

抽象度の高いこれらの議論を、本書では具体的な水辺社会のモノグラフとして描いていこう。

第Ⅰ部

水と生活

——関わりの多様性

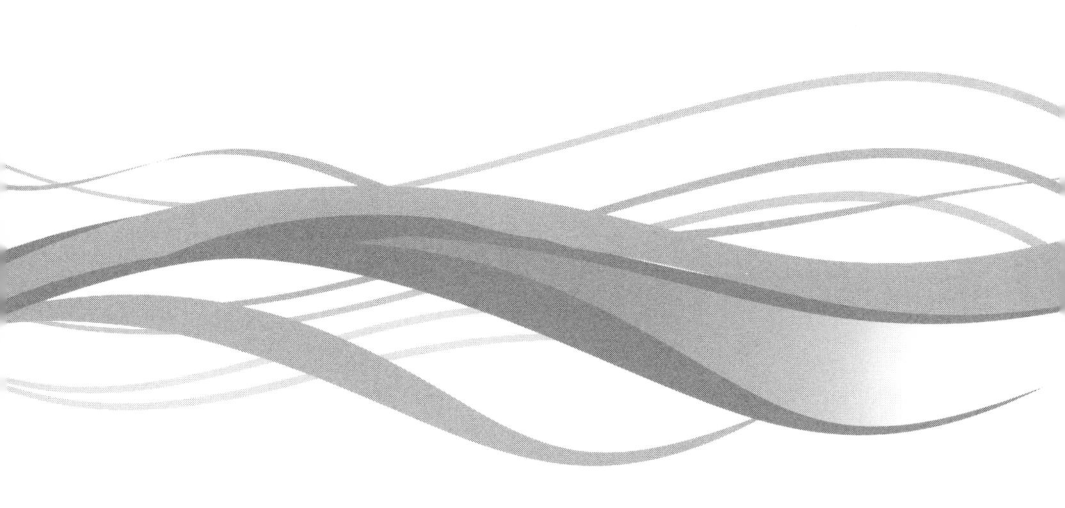

第1章

水に寄り添う

1　名水の郷に選ばれて

水は人びとの生活や生業を支え、時にはその暮らしを豊かにしたり危うくしたりもする。その恵みや災い（リスク）を含めて、どのような状態の水でも、古来より人びとはそれらとともに生きる多様な経験を蓄えてきている。

琵琶湖の周辺には、地域の自然条件を反映した水によって育まれてきた生活や生業をめぐる多種多様な文化が多く残っている。それは、湖の水や川の水、地下から湧き出る水の利用によって独自に形成されてきたものである。それらは、地域の人びとの暮らしに密着する水環境の中で、地域住民の主体的かつ持続的な働きかけによって存続してきた。言い換えれば、そこに常に存在するのは、水に寄り添う人びとの姿である。その水環境は「名水」となり、地域内外でも広く知られ、人びとを呼び寄せる魅力がある。

このような名水は、昭和の名水百選や平成の名水百選の他、近江水の宝にも選定され、琵琶湖周辺の各地に数多く存在している。1985年に昭和の名水百選として選定されたのは、彦根（ひこね）市十王（じゅうおう）村の水と米原（まいばら）市の泉（いずみ）神社湧水（ゆうすい）である。2008年には、平成の名水百選として長浜（ながはま）市堂来清水（どうらいしょうず）、高島市針江の生水（しょうず）、米原市居醒（いさめ）の清水（しみず）、そして愛知（えち）郡愛荘（あいしょう）町の山比古（やまびこ）湧水の4か所が選定を受けた。

彦根市西今（にしいま）町の十王村の水は、地元住民を中心にした「十王村の水保存会」により、水源地と十王川の清掃などが定期的に行われ、現在も生活用水として利用されている。

そして、米原市泉神社の湧き水は、地域住民の手によって地域内外の人びとがその恵みを分かち合っている。この名水は、伊吹山南麓扇状台地上の標高190～220m付近に位置する米原市（旧坂田郡伊吹町）大清水という地区にある。その名は、泉神社麓から湧き出る水に由来する。『滋賀県物産誌』によると、1880年頃、人口が441人、すべて農家で戸数107あった。かつて、人びとは農業を営みながら、養蚕や採薪を行っていた。ある農家が記録した灌漑日誌によると、1939年頃の水田は350反あり、村の中ほどにある湧水より上の150反には井戸水、湧水より下の200反は湧水でまかなっていた。ここでは、農業用水には恵まれず、夏には時々干魃にもあったという。そのため、地区の北と東に神戸溜・平野溜・下溜・新溜（大清水溜）など溜池を備えて、農業を営んできたのである。現在、この湧水は、野菜等の洗い場が各家の前に設けられ、夏にはスイカや麦茶を冷やしたりして生活用水としても利用されている。

「近江水の宝」は嘉田由紀子が知事時代の2008年から始められ、「琵琶湖とその周辺の水に関する文化資産を滋賀県独自の特性ある資産として位置づけ、これらのうち特に優れたものを近江水の宝に選定して地域の資産として価値の定着化を行っている」ものとしている。「近江水の宝」では、「全体として人と自然との関係の物語性が理解できるように、「うやまう」、「くらす」、「ゆきかう」、「つくる」、「めでる」、「おくる」といった分類を用い、水と人の共生という視点から近江文化をとらえなおそうとしている。

近江における先人の知恵や工夫によって形成されてきたさまざまな水の利用形態は、人と水の関わりの原点を表し、数々の名水の郷を成り立たせている。現代社会における豊かな暮らしの指標ともなりうる水との関係性をめぐって、今も続く伝統的な水との関わりの形態からは学ぶべきものが多い。このような水と人の関わりに改めて目を向けることによって、地域社会の特色をより明らかにすることができるだろう。

本書で取り上げるのは、名水百選や近江水の宝にも選ばれた琵琶湖湖西に位置する高島市新旭町針江における人と水との関わりである。今も針江では、昔ながらの水と生きる人びとの生活や生業が営まれ、そのユニークな水辺環境も残っている。比良山系に降った雪や雨がその地下水脈となり、安曇(あど)川の伏流水が豊富に湧き出る水は、家々の周辺の水路を経て川に合流し、そして琵琶湖へ流れていく。琵琶湖から遡上してくる魚など、命のあるすべてのものに寄り添う水は、「生水(しょうず)」と呼ばれ、湧き水でキュウリやウリなどを冷やす風景が今も、生活に密着したものとして子どもの心にも根づいている。

住民たちは自ら暮らしを守り、地域を守るため、さまざまな連携活動を実施し続けている。その中では、地域内外の大人のみならず、特に子どもたちを対象とした活動が早い段階から実施され、広く知られている。例えば、2002年には住民たちは水と文化研究会とともに、子どもを対象に湧水を飲みながら水利用の知恵や工夫を学ぶ体験教室・子どもの学校の活動をスタートした。そして、2003年には針江コミュニティステイを通して水の探検活動を実施し、2004年には自然と暮らしに関する「水ごよみ」を発行した。これらの活動は、地域住民が同研究会と連携し、地域の子どもたちと水の宝を発見しようと始めた取り組みの成果でもあった。このような活動の積み重ねの中で、日本で開催された第3回世界水フォーラムの会期に、アフリカなど世界各地から来日した約80名の子どもたちを対象とした自然観察や暮らし体験を実施し、針江は水のパラダイスと称賛されたという（嘉田・古谷, 2008)。湧き水のある暮らしや針江で体験した世界の子どもたちの感想、そして世界水フォーラムの内容などについては、小坂育子著『台所を川は流れる』に詳述されている（小坂, 2010)。このような活動をきっかけに、その後、京都で開催された子どもの円卓会議では、深刻化する水問題について子どもたちの視点も取り入れて、議論されるようになった。

針江の生水は2009年に近江水の宝に入選し、2010年に高島市針江・霜降(しもふり)の水辺景観として国の重要文化的景観に選定され、2014年には環境省エコツーリズム大賞を受賞した。2015年に針江・霜降の水辺景観として、日本遺産に認定された。

針江では、伝統的な水利用をめぐるさまざまな知恵を活かして、「生水」が代々受け継がれている。そこには、人びとと水との過去や現在、そして未来が映し出されているともいえよう。

2　水の力を活かす地域とその環境

琵琶湖の湖西に位置する針江は、滋賀県高島市新旭町に属し、現在戸数は約170戸である。1880年の『滋賀県物産誌』によると、明治初期における針江の人口は126軒622人で、そのうち111軒が農業に従事していた。

針江という地名の針は墾（ハリ）で、沼地を開いた墾田の意に由来する。針江は、もともとは饗庭村に属する五つの大字のうちの一つであった。1985年の『新旭町誌』によると、針江は南瀬、北瀬に分かれ、北瀬は針江村であり、1410年、石津勘兵衛が家来６人と南瀬に住み、南瀬を小池と名づけた。1873年の針江村地引全図によれば、西出、八田、川北、西浦、大久保新田、餅出、東浦の七つの小字がある。1874年に地租改正の際に針江村と小池村が合村して針江村になった。1955年に饗庭村・新儀村が合併して新旭町になり、2005年には旧高島郡の６町村が合併して高島市となっている。

針江地区の水田地帯では、弥生時代から平安時代にかけての、針江川北遺跡、針江北遺跡、針江中遺跡、針江南遺跡が発見されている。内湖である河口付近にある針江南遺跡からは弥生時代後期の田下駄なども見つかっている。明治期の「針江村絵図」でみると中島、西浦の二つの内湖があり、「藪や荒地、葭地、濱」と標記される土地も存在する。1917年に内務省から払い下げられた西浦は、針江地区と字西浦の共有地となっていた。

図１　高島市新旭町針江の位置図

針江地区の水利用は安曇川扇状地と深い関わりがある。『新旭町誌』によると、安曇川には、かつて８か所に用水堰があり、北岸には饗庭井があった。この饗庭井による灌漑区域は、12か村あり、毎年

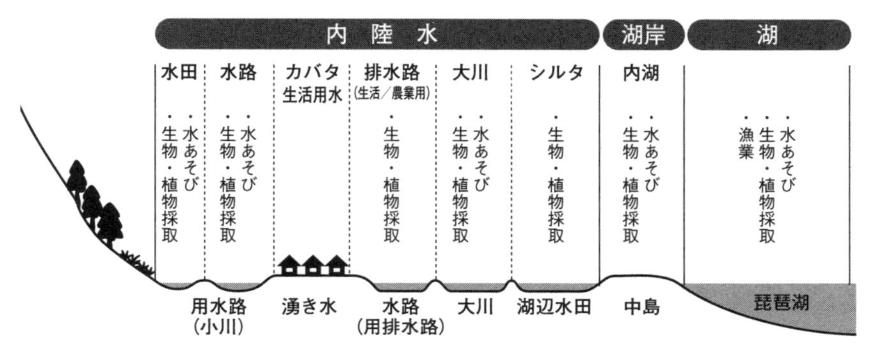

図２　水ですべてがつながっている

の井米は15石１升１合と決められていた。これが井組としての12か村に割り当てられ、針江村は７斗９升１合であった。川の水を農業用水として利用するには、村と村の間での約束事（調整）が必要だったことがうかがえる。安曇川は京都市左京区付近に源を発し、比良（ひら）山地をぬけて流れ、朽木（くつき）付近の平地部に扇状地を形成し、琵琶湖に流れる。安曇川の河道はかつてさまざまなルートを流れていたが、その付近は古くから綿や織物が盛んで繊維製品の産地として知られている。人びとの居住地は、安曇川の旧河道付近や針江大川周辺などに多く立地している。針江大川下流域付近は、水田が広がっており、湿地やヨシ帯、内湖が形成されている。

3　川は暮らしのネットワークの要に

針江地区では、安曇川下流の地表水に加えて伏流水が湧き出て生活用水として利用されている。川の水との関わりが深い水系は、針江大（はりえおお）川、石津（いしづ）川、小池（こいけ）川などである。各家のカバタからの水は、水路を経て大川に流れ込むものと、石津川や小池川を経て大川に流れ込むものがある。

針江大川は、地区のほぼ中央を流れ、他の三つの川に比べて水量が多く、地区中央を流れる一番大きい水系である。その付近を歩いてみると、川沿いにカバタはみられず、共同の洗い場が設けられている。農具洗いは、川底に

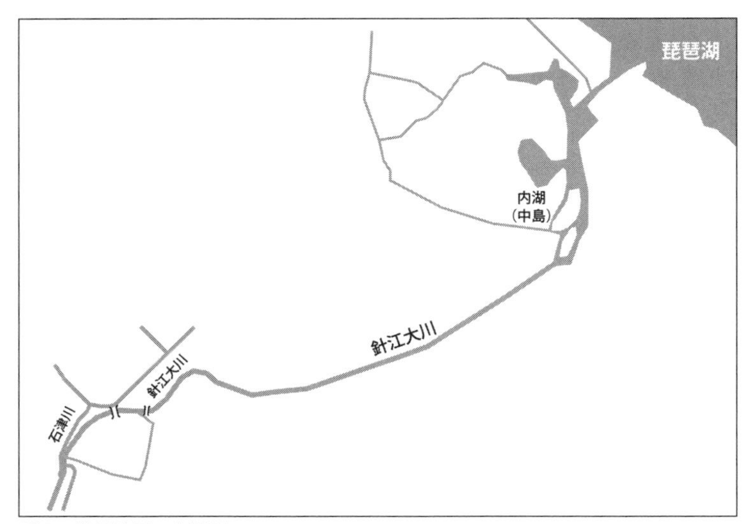

図３　針江地区の水系図

泥が溜まることを防ぐため、水の流れが多く、下流あたりの排水路で洗っていた。

この川は、かつて家々から水田や内湖、湖辺への移動に利用され、荷物を舟に積み、琵琶湖の沖に停泊した汽船まで運ぶといった、物流と深くかかわっていた。かつて川沿いには問屋が立地し、舟の係留場所として利用されていた。「家から一歩を出ると舟を使う。田んぼに行くのも舟、浜へ遊びに行くのも舟。みんなが舟を持っていた」という。多くの家にとって、舟は湖辺の田んぼで農作業に従事するための唯一の手段だった。農閑期や夏休みなどの時、大人のみならず子どもたちが琵琶湖へ行き来するため、大切な道具だった。これらの舟を停泊する場所は、地区の北西部にある日吉神社の前と現在の公民館前あたりにあった。

針江大川や小池川は、かつて結婚式時には舟を浮かべての嫁入り行列が通る道として利用されていた。昔、川で結婚式をあげる家があったのである。当時のその様子をよく知る方に話をうかがうと、針江大川の近くに住む家の娘さんが舟に乗って小池に嫁いだことであった。結婚式の日の朝、舟に花嫁道具を積んで、大川を出発し小池川を通って嫁いでいった。針江大川から小池川を経て嫁ぐ家までの舟での移動時間は30分ほどかかったという。

石津川は針江大川の北あたりを流れ、川沿いには外カバタが多く設けられている。小池川は、深溝地区との境を流れ、その付近にはカバタが多く存在する。その他に大川の南あたりを流れる前郷川の付近にはカバタがほとんどなかったが、共同の洗い場が設けられている。

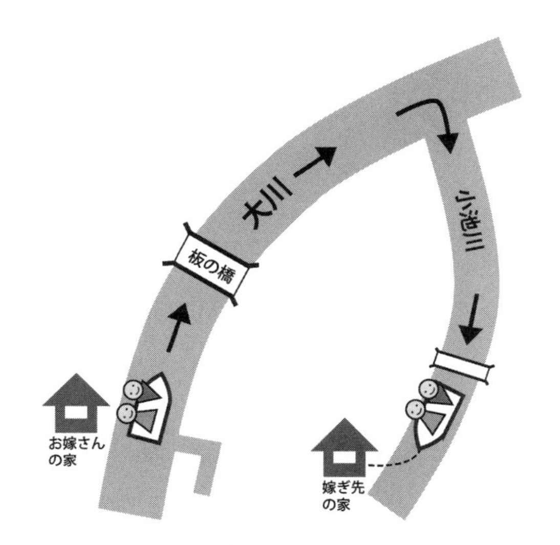

図4　大川を通って舟に乗り嫁に行くルート

かつて水の流れの量を調整するため、人びとは針江地先の上流あたりの川で、３枚の木製の板で開け閉めができるような簡易式の堰を設けていた。１枚の板は30㎝ほどの高さがあり、３枚の板を横並びにして設置していた。この板の簡易式の施設を地元では「三枚板」と呼んでいた。水の多い時は、大川や琵琶湖に流れていくように板を外しておく。水の具合や水の需要量に合わせて、３枚板を適宜使い分けていた。その後、木の板では水の調整が追いつかなくなったため、木の板は撤去された。

針江では、大雨が降ると、上流からも大量の水が押し寄せてくるため、地区内のこれらの川や水路や溝などの水が溢れ、濁り水に変わる。また、田植えの時期になると、上流から水がなかなか流れて来なかったため、「水が流れてくるのが待ち遠しい」ほど、水に困ってしまったという。「水が多すぎても困る、少なくすぎても困る。ちょうどよい具合で流れてくる」ことを、人びとは願っていた。古老住民の話によると、かつては水の流れが途絶えず、農業用水を確保するために、上下流のそれぞれの区長や役員が集まって話し合いや調停をしなくてはならなかった。そして明治の頃、石津家の先祖が地区の人びとの生活や農業のために、川の水量の調整ができる設備を設けたと伝えられている。人びとはこの設備を「石津井（ゆ）」と名づけている。これをきっかけに、上流と下流の間で水争いや用水の不自由さがなくなったという。

写真１　用水を調整する石津井

石津井は川の上流と下流の境界となり、地区の入口あたりにある。この周辺の維持管理は、普段の修繕費や清掃、渇水や洪水などの非常時における井の開け閉め、灌漑用水の管理などを含めて地区の役員が担っている。区の役員の中で環境委員の役を担う方は、毎日、石津井周辺の掃除や見回りなどを行う。かつて環境委員として務めた住民の話によると、雨の時でも台風の時でも、どんな時でも毎日欠かさず、水とともに流れてくる木の枝やプラスチックなどの物の回収や井の具合の確認などをしている。

4　水を汚さない工夫は人への思いやりとつながる

水が最も豊富に湧き出るところを、針江では「生水腹（しょうずばら）」と呼び、正伝寺あたりの湧き水や「インドコ」と呼ばれるところの湧き水など、全部で３か所ほどある。生水腹の他に、地区内には、「カバタ」と呼ばれる湧き水のところが多く残っている。「カバタ」の形態の特徴から、「外カバタ」と「内カバタ」の２種類がある。外カバタは、主屋と離れて水路の近くに設けられている。内カバタは主屋内に取り込まれ、台所付近にあることが多い。

外カバタでは、田んぼから戻ってきて、足や服についた泥を落としたり農具を洗ったりする。かつては家から湖辺にあった田んぼまで遠いので、昼に

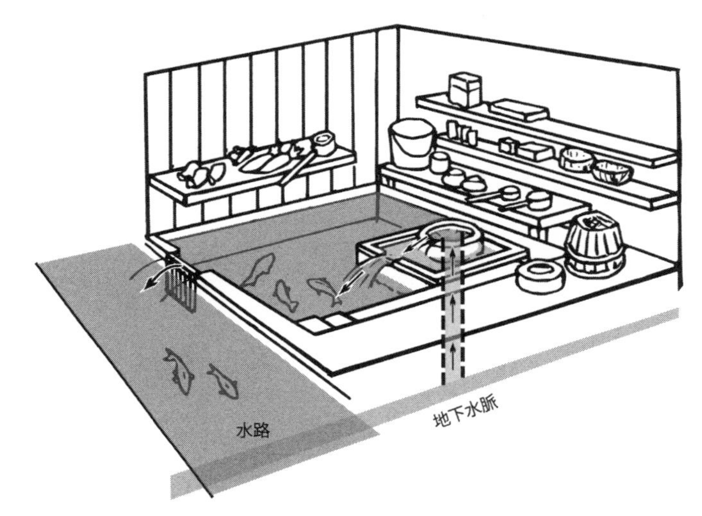

図5　湧き水が「元池」→「壺池」→「端池」、そして水路へ

田んぼから戻ってきても、外カバタで手足などに付いた泥を落として、内カバタで保管していたご飯を食べてすぐに田んぼに戻ることもあった。

内カバタは、湧き出る源水を元池にし、そこから水を引いて流れ出るところを壺池、使った水を流すところを端池とし、水の流れに沿った構造となっている。元池の水は飲み水にして、その水位は高いため、外の水路の水が流れてこない。端池の水は主に鍋や野菜洗い、魚さばきの水として利用し、その水位は低く、水路の水面とほぼ同じ高さで、雨が降ると水路の水が流れてくる。

カバタの水は飲み水、米や野菜洗い、漬けものやフナずしづくり、炊事や調理、風呂用水などのための生活用水として利用されたほか、神事の水としても利用されている。

カバタは通常、女性がよく使う場所であるが、「昔は魚をさばくのは男性の仕事だった。毎年1月1日の朝にカバタの水を汲むのが男性の仕事だ」というような風習が今でも続いている家もある。

日頃からカバタを利用する地域の人びとは、「カバタが親の代から受け継がれたもの」であり、「水でつながっているから、カバタや水路、川、田畑のす

写真２　カバタの湧き水

写真３　常に湧き出る湧き水

写真４　内湖（湧き水が川へ、内湖を経て、そして湖へ）

べてが大切だ」と語っている。そして「常にきれいに使うのも当たり前、上流のカバタの水は下流に流れていくので、下流の家への思いやりが大事。水への思いやりと人への思いやりも大切」という。

5 水は不思議であって不思議ではない

カバタは住民にとってどのような存在であるのだろうか。

数十年にわたりカバタとかかわっている住民の中では、「湖西の山奥に住む友人が、冬に山水が冷たく、米や大根を洗うのに寒いといった。山水に比べると、このカバタの水は冬でも温かく、透き通っているし、大量の米や漬物用の大根などを大量に洗うのも便利だと実感した。畑で植えた大根を一輪車に乗せて、ここへ運んできて、カバタで洗ったりすることに場所を貸してあげたこともある」という。そして「夏、近所の子と川で遊んでから家に帰ってきて、カバタの水を入れた桶（おけ）を使って再び水遊びをした。カバタの水が流れ出る水路でもよく遊んだ」とのことだった。現在でも、孫たちとカバタの水を使って遊んだり、カバタにいる神様の話をしたりもするという。さらに「夏はカバタの水を汲んで孫たちとお風呂の準備をしたりする。湧き水のお風呂に入っていることが、孫の自慢話になっている」と話す人もあった。

また、20数年前からカバタを利用している住民は、以下のように振り返った。「はじめてカバタを見た時は、単なる鑑賞用の池のイメージ、庭の一部であった。魚が泳ぐ水がきれい。古く広く、地下から湧き出る水をじっくりみると不思議だった」という。

「最初は、使い方がわからなかった。川の水が入ってくるから、なかなか顔洗い、歯磨きにカバタの水を使うことはできなかった。家の中に水道水があって、地下水もあって水は安定している。庭の散水、植木へ水をやる時に使ったりした」という。

そして、「その後、カバタの中が涼しいので、近所からもらった野菜や手作りの漬物などをカバタで保管した。麦茶を置いておくと、すぐに冷えてくるのにも驚いた」。

「スイカ、飲み物もカバタに入れて冷やしたりした。夏に畑で採れたての野菜をカバタに入れると、30分ほどしたらちょうどいい感じで冷えていた。夏の楽しみは、カバタの水で仲間たちと流しそうめんをつくってみんなで食べることになった。ざるそば、そうめんもおいしい。冬、洗いものが終わったあと、カバタから手を出すとすごく寒いと感じた。このカバタの水は冬でも13℃ほどあり、温かくてありがたいものだ」。

「毎年の12月30日に、餅つきをする。数十kgの糯米（もちごめ）をカバタで洗う。一気に米を洗うのに、ジャバジャバと床が濡れるのも気にしなくてもいいし、自由に米を洗える。カバタの水がすぐに真っ白になった。この大量の米を洗うのに、水道水を使うとなれば、手は冷たく何回で洗い終われるか、どれほど時間もかかるのかと改めて感じた。また、みんなでいっしょに作業ができるのもよい。餅つき用のお米洗いや、漬物やフナずしを漬ける作業は、近代的な台所でするのは難しく感じた」。

琵琶湖で捕れた魚をカバタに入れたり、近所の人が捕れた魚をうちのカバタに入れたりするようになった。その当時、魚とカバタについて、次のように振り返る。

「ある日、魚を生かしておくため、近所の方に尋ねると、川の水を入れたら魚が元気になることや、湧き水だけでは魚を弱くするのだと知った。その後、川の水が入る端池に魚を入れるようにした。魚もそのほうが好きかもと思う。魚はペットではなく家族だ」

そして、「魚を入れた最初の夏に、子どもがカバタの中の魚をつかむために入ろうとした」。その時は「入ったらダメだと、思わず怒った」という。

6　カバタの多様性は暮らしの場での工夫の反映

針江では豊富な湧き水の恩恵を受け、多様な形で湧き水を利用している。内カバタと外カバタの両方を持つところがあれば、外カバタもしくは内カバタのみを持つ家もある。

内カバタは、一般的には家の中に設けられている。湧き水が流れる内カバタの元池は屋外にあり、湧き水を屋内の壺池、端池に引き込む形のもある。この内カバタの形態は、元池や壺池が丸く、端池が長方形となっている。それ以外に、台所に隣接し、元池には管が打ってあり、壺池の水が流れた端池が石積みで造られている内カバタもある。その他にもさまざまな内カバタがあり、現在でも利用されている。

内カバタのうち、内カバタであったものが外カバタになったものもある。例えば、1965年頃に主屋の建て替えで、内カバタから外カバタになったもので、主屋の勝手口の近くに外カバタがある。このタイプのカバタの元池と壺池は丸く、端池が四角になり、その周りに石積みも残り、古くから利用されている。

さまざまな内カバタが存在する中で、カバタの付近にはカマド、風呂場が配置されており、便利に使える創意工夫がみられる。

例えば、前田啓子の家のカバタは、もともと内カバタで家の中にあり、少し上がると台所があり、カマドがその近くにあった。台所の奥に風呂場があり、カバタの水を運んで風呂用に利用していた。カバタで米をといだり、野菜を洗ったり、魚をさばいたりすることができる。外に出ないですぐ近くにあるカマドでお米を炊いたりおかずをつくったりすることができる。カバタやカマドが、現在でいえばシステムキッチンのような並び方だったため、とても便利だったという。また、炊いたご飯やおかず、食材などをカバタに置いておくと、すぐに腐らなくて長持ちする。かつて冷蔵庫がなかった時代、カバタは冷蔵庫代わりの役目も果たしてきた。家を建て替える際に、元の家から数m後ろに下げて建て替えたため、もともと屋内にあった内カバタは、屋外に露出し、カマドがなくなり外カバタになった。現在も外カバタの水はこんこんと湧き出て、生活用水として大切に使っている。

内カバタと外カバタを設けてその使い分けをしている家もある。例えば、美濃部信子の家には、主に生活用水や調理の場として利用される内カバタと、

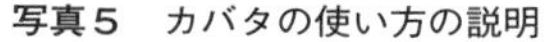

写真５　カバタの使い方の説明

写真６　現在でもカバタを愛用している

魚の泥抜きのため飼いならししたり、鍋など調理器具を洗ったりする外カバタがある。外カバタはもともと正面玄関から水路に近いところに設けられ、1970年代前半頃まで使っていた。内カバタでは、魚をさばいたり、まな板や茶わんなどを洗ったりして、生活用水と調理の場として現在も利用されている。

外カバタは、一般的に主屋の外にあり、他の小屋と併用されているものもある。地区内に数十か所の外カバタを見ることができた。その中で、主屋から独立した外カバタのうち、付属屋として設けられ、湧き水は元池から壺池、端池へと流れ、端池の半分は屋根の外となっている外カバタがある。このような外カバタは水路の水をカバタ内で使えるようになっている。

一方、水路から離れたところに設けられている外カバタもある。例えば、福田千代子の家の外カバタは、水路と直接につながっていないため、端池の水も湧き水となっている。「かつて父親が琵琶湖でエリ漁をしていた頃、捕れた魚の鮮度を保つためにカバタに入れて泥抜きにしていた」という時期もあったが、現在カバタには数匹のコイが暮らしている。カバタの水は、生活用水の他、風呂や神事などにも使っている。カバタの水汲みは子どもの仕事であり、風呂用の水は「子どもの頃、毎日カバタの水を汲んでお風呂まで運んでいた」のであった。一年の始まりとしての水は、男性が毎年１月１日にカバ

写真7　カバタで野菜を洗い、コイが寄ってくる

タの入口を塩で清め、カバタで汲み取った「若水」を神様にお供えしておき、その水を使って雑煮や正月料理を作る。そして、年末には餅つき用の米や使用した道具もカバタで洗う。先祖の墓参りの時はカバタの水を持っていくという。このような慣習は現在でも継承されている。

外カバタのみならず、その付近に漬物小屋や灰小屋を設けることで、利便性を図っていた家もある。例えば、かつて多くの田舟を係留していた舟溜まりがあった大川沿いの上手に位置する足立亨の家では、外カバタの他、前庭にあった湧き水の池や漬物小屋、灰小屋を利用していた。それに合わせて、大川に降りる洗い場は、「下のカバタ」と呼ばれ、生活用具類を洗うのに役に立っていた。外カバタの入口は、母屋側に向いて設けられて、母屋まで行き来しやすい配置になり、生活上の利用空間として代々愛用されてきた。この外カバタの水で洗ったキュウリ、ナス、大根など、隣にある漬物小屋へ持っていき保存する。この漬物小屋は、単なる漬物づくりや漬物の保存だけではなく、フナずしの貯蔵にも利用していた。灰小屋では炊事のための燃料として使用した薪(まき)や藁(わら)を燃やした後の灰を保管して、田畑の肥料などに利用していた。長年、水辺での生活には、外カバタ、漬物小屋、灰小屋が欠かせなかったという。この漬物小屋や灰小屋は、昭和の中期まで利用していた。現在、裏の畑の大川沿いに河川改修の際に設けた洗い場を利用している。

外カバタの付近には、漬物小屋、灰小屋の他に、柴小屋や藁小屋など、生活に欠かせない大小異なるさまざまな小屋が設けられていた。その中でも、漬物小屋は漬物やフナずしづくりやその貯蔵のための場所でもあり、通常、外

写真８　外カバタの水を使って漬物やフナずしつくり

写真９　季節感を感じる外カバタ

写真10　「ろてん」

写真11　道路の脇に湧き水とお地蔵さん

写真12　川沿いの洗い場

カバタの横に設置されることが多い。カバタで漬物の材料となる大根、ニンジンなどを洗ったり、フナずしの材料となるフナをさばいたり、保管場所へ移動させたりするには非常に便利な配置となっている。

内カバタ、外カバタの他に、川沿いにある共同の洗い場や「ろてん」と呼ばれる湧き水が出る場所もある（写真10・12）。

7 絶えず湧き出る水とのせめぎ合い

豊富に水が湧き出るカバタは、魚にとっても人間にとっても非常に便利な場所である。しかし、一方で、この豊富な水にもリスクがある。

「昔、冬が非常に寒かった。この時期にカバタの水が冷たすぎて飼った魚が弱ってしまうこともあり、琵琶湖から上がってくるアユが冷水病にかかったりして食べられないこともあった」という。かつて、田んぼや内湖、琵琶湖などで捕れた魚を泥抜きするため、一時的にカバタに入れていた。前日やその日に捕れた魚をカバタに入れて、晩酌用にすぐに調理することもある。小さいカバタなら、魚が5、6匹しか入れられなかった。昔はサギが食べられないようなサイズの大きい魚しか入れられていなかった。

近年、サギ、アライグマ、ハクビシン、タヌキ、アオサギ、ヘビ、ネズミなどもカバタや人家の周辺までよく来るようになった。これらの動物たちは、「カバタで長年にわたって魚を飼っていることを知っているかのように、よくカバタに来るようになった」。カバタの周りに網をかけておいても、ハクビシンやクマが3日間も連続して来ることもあった。

生き物とカバタの関わりの他に、葬式時における不便があった。地区中の墓場のうちの1か所は、インドコと呼ばれる場所にあった。この場所は、湧き水が豊富に湧き出るところであったが現在は竹藪になっている。当時の水状況について、古老住民が以下のように振り返る。

「当時（昭和33年頃まで）、ほとんど土葬だった。棺桶を地中に埋めるために穴を早く掘らないと、水がいっぱい湧いてきた。土葬坑に水が半分以上溜まってくると、棺桶が浮いてくる。みんながまた、浮いてきゆうといって、場合によっては、棺桶に穴を開けて浮かないようにすることもあった」。隣近所での葬儀の協力が不可欠でもあった。

8　ゆったり溢れる「水込み」がもたらす「害」と「益」

水が溢れる／水が多い時の状況については、以下の二つに分けてみてみる。一つは、台風や洪水などの自然発生による「水の害」である。もう一つは、田んぼや湖辺の増水時の「水込み（みずご）」についてである。

台風や洪水の自然発生による非常時の水の害については、以下のような記録が残されている。

『新旭町誌』（1972）によると、針江では、明治時代に7回の水害に遭った。1896年（明治29）9月7日午後6時頃に「稲の葉先も見えず湖水と化し、今古未総有（中略）針江、深溝では9月6日頃より床上浸水避難」があった。この明治29年の琵琶湖大水害は、琵琶湖の水位が3m76cmも上がり、明治以降の観測史上最高水位を記録した。琵琶湖の自然の出口は瀬田川1本しかないので、翌年の春まで水位が下がらず、湖辺の人たちの暮らしを長期にわたり苦しめた水害でもあった。

そして、1899年（明治32）9月8日には安曇川堤防が決壊し、さらに1904年（明治37）9月17日朝に安曇川堤防が再度決壊し、「針江から舟で30、40人救う」と記録されている。

水害について住民に聞くと「記憶では、これまで水害が2回くらいかな。それ以外があまり聞かないね」とのことであった。その状況については、地域住民が以下のように振り返る。

1950年（昭和25）に台風や洪水があり、また1953年（昭和28）の台風13号で、安曇川の堤防が切れ、水が家の2階まで来たという。その時は、日吉神社の前の川に舟が泊まっていたが、大川の水が溢れており、その両サイドに住んでいる家々が床上まで浸水し、そのすぐ近くに立ち並ぶ家は床下浸水した。

表1　旧新旭町における洪水被害（江戸時代末〈嘉永３年〉～明治時代）

年代	洪水被害
1850年10月８日（嘉永３年）	床上浸水森、霜降、小池、針江、深溝ニ流レ水ノ当リニヨリ石垣崩レ多シ
1885年７月（明治19年）	雨は盆を覆えすごとく降る、三反田（小字名）まで浸水、深溝では流出家屋21戸、田畑浸水のため収穫ほとんどなく、１か年間の飯米もない家が多く出た
1989年９月11日（明治23年）	暴風雨、安曇川堤防決壊300間
1892年９月（明治25年）	洪水、田地を浸し、米作の被害多大、５月以来長雨しきりに至り、湖水増大し稲田水底に没す。７月に入り連日快晴減水。８月２日再び暴風雨により増水
1896年９月（明治29年）	９月７日午後６時頃より……稲の葉先も見えず湖水と化し、今古未曾有……針江、深溝では９月６日頃より床上浸水避難
1899年９月８日（明治32年）	安曇川堤防決壊
1904年９月17日（明治37年）	安曇川堤防決壊……針江から舟で30、40人救う

出典：『新旭町誌』に基づき作成。

「自分が中学校３年生頃、水が20～30cm増えたのを覚えている。当時、琵琶湖から水が地区内に流れてきて、水が溢れていた。その時、家の床上まで水が上がった。襖（ふすま）の上まで水がきた。当時は、大川の上に、上下に開け閉めができる橋があったがそれも破壊されて流されてしまった」

「当時、小池にもバンバ（小屋）があった。地面から約１mの高さ、10畳くらいの面積があり、真ん中には土間があり、櫓（ろ）などを保管していた」。そこは子どもたちが集まり、メンコをしたり、陣取りなどをしたりするみんなの遊び場だった。「バンバには屋根があったが窓がなく、窓の代わりに莚（むしろ）をはっていた。洪水の時、舟はバンバの窓の莚から入り、中を反対側の窓まで突き通って針江地区へ流れていった」という。

水が溢れることを針江では「水込み」と呼んでいる。水が琵琶湖から込み上がってくる、というイメージである。堤防が壊れて一気に流れ込む水ではなく、ゆっくり込み上がってくる水という表現でもあり、琵琶湖辺の村では琵琶湖の水位上昇による水害を「水込み」と呼ぶこともある。この時の様子について、「湖辺でも膝の上まで水位が高く、しばらくずっと水込みの時期も

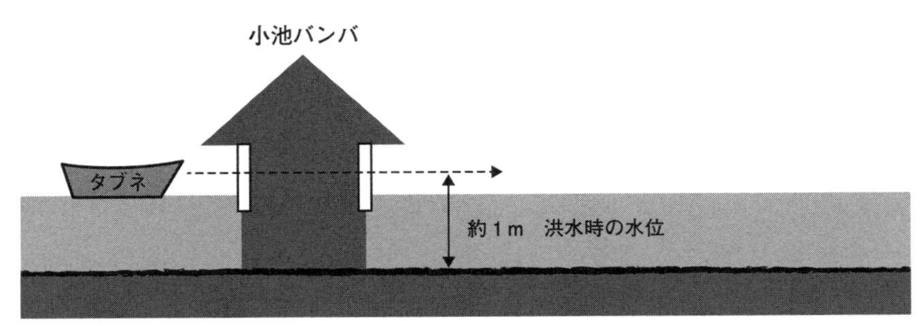

図６　水が溢れる時、タブネが「バンバ」を通り抜ける

あった。さらに大雨の時になると、湖辺や田んぼに寄ってくる魚がいっぱい捕れた」という。

琵琶湖の水は湖辺、内湖、大川、そして水路を経て、田んぼや地区内のあちこちに流れ込んで、しばらく水が溢れたままの状態になったこともある。当時、「琵琶湖の水が地区中に流れてきて、１か月、２か月も水が引かなかった」という。

田んぼや水路の水込みの時でも、「湖辺の田んぼは１か月以上も水が溢れていた。水が引かない間、毎日、水が運んできた魚などを捕っていた。田んぼや水路でも魚が多かった」のである。

シルタのような田んぼに対して、毎年土や藻などを引き上げて田に施したりする作業は農家にとって苦労の連続であった。一方、水込みの具合によって助けられることもある。例えば田んぼの水込みに関しては、次のような証言もあった。「昔、安曇川が氾濫して、土砂が田んぼに入ってくる。そのため、水の勢いのおかげで、その年にシルタ（田んぼ）の土のかさ上げをしてくれてとても助かった。泥より、砂地の土が混ざった田んぼで作ったお米がおいしい」

水込みという状況は針江でも琵琶湖周辺の他の地域においてもしばしばあると言われている。水が溢れることによって、時には「害」的な側面がある。一方で、悪いことばかりではなく、「益」の側面も存在する。水のこうした「害と益」と合わせて、人びとにとって、水は多義的な意味をもつものとしてとらえることができる。一般に言われ、思われるような、台風や洪水による自然災害時の水の「害」とは異なるとらえ方を持つのではないだろうか。特に生活や生業に関わるものにおいては、針江の人びとは、「水が溢れる」という状況を巧みに生かすことで、「害」も時には「益」に変えてきたのであろう。

振り返ってみると、堤防を高くして、河川に水を閉じ込めるようになったのは、明治以降の近代的な河川政策が広がったからともいえる。堤防は高くなれば、それだけ溢れた時に鉄砲水となり、危険性が増す。それが洪水を水害に変える地形の仕組みともいえる。水が溢れることについて、針江では、「水はもともと流れるものだ。溢れるもんだ。水を閉じこめることには無理がある」、また「溢れる水も引く水も入り交えるのもよかろう」と表現されている。水の恵みと災いが一体となって針江ではこうとらえられてきた。こうした感性こそ、日本に暮らす人びとの水のとらえ方の原点といえるかもしれない。

滋賀県で、ダムや堤防など、河川の施設だけに頼らない、流域全体での洪水を土地利用や建物づくりの工夫により水害にしない知恵として「流域治水」が広がったのも、針江のような、水とともに生きていく人びとの伝統が今に活かされているといえないだろうか（嘉田，2012；2021）。

第2章

水辺遊びの意味と
環境適応

1 「遊び」をめぐる社会学的研究

地域の自然環境を保全するための取り組みができるかどうかは、各地のコミュニティが共通して抱えている課題である。こうした社会的背景の中で、水のある環境との関わり方に関しては、住民を中心にすえたアプローチで進める必要があるといえよう。この場合のアプローチには、生産や生業とは異なる、働きかけの形態にあたる「遊び」の要素をもつ地域運営が重要になるだろう。というのも遊びこそ、自然と人間の関わりの最も根源的でかつ最も高度な営みだからである。

環境社会学分野では、このようなアプローチを検討する上で有益な研究が蓄積されてきている。例えば、コモンズの研究では、マイナー・サブシステンスを通じて、人と自然が「遊び」を通じて多様な関わりを保持していることが論じられてきた（松井，1998）。「遊び」とみなされがちな副業としての生業活動においても、そこには技能やコツがみられることを分析した松井健は、諸個人がもつ技能の差異を分析した（松井,2004）。また、菅豊や松井らは、マイナー・サブシステンスが「遊び」の要素をもつ非経済的生業活動であると思われるが、生活上欠かせないものであることも明らかにした（菅，1995；1998；松井，1998；2004）。つまり、「遊び」という働きかけは、必ずしも経済的価値は大きくないものの、人びとの自然とかかわる精神的な満足度を高める生業（なりわい）活動もしくは副業的活動の一部として展開されてきたのである。

一方で、自然環境との関わりの中での資源採取活動の中にも、「遊び」の側面があることに注目した研究がある（川田，2019）。川田美紀は、自然の中での「遊び」を通じて、「その環境を身近に感じ、それによって自然環境に対する関心が高くなる」という見解を示している。この点において、本稿の事例と引きつけて考えると、近い環境との関わり方において、こうした傾向が見いだされる。

現代社会における水と人との距離の問題においては、遊びを介して地域の賑わいを取り戻すことが求められつつある。つまり、このような水をめぐる環境の問題を含めた地域課題を解決するには、遊びができるかどうかが鍵となる。地域としてのバックアップが十分に行き届いているとすれば、あるいは水辺遊びを復活させることが可能となれば、地域課題の改善にもつながると考えられる。ここでいう地域としてのバックアップとは、関わる主体がどのような働きかけや後押しができるかという社会性である。なお本稿では、一般に「水遊び」といわれる表現も、物体としての水そのものを使った遊びではなく、川や内湖や湖など、水のある場での遊びを対象とするため、「水辺遊び」という表現で統一させていただくことをお断りしておく。言い換えるなら水鉄砲は水遊びであろうが、川での魚つかみは水辺遊びと表現することになり、本稿でのテーマは水のある場での水辺遊びである。

水と人との関わりの問題を解決するために、新たな研究視角を与えてくれたのは『水辺遊びの生態学』（嘉田・遊磨，2000）の調査研究である。この研究は、子どもを含む３世代の年代性別ごとに水辺の遊び方やその道具、生き物の呼び名などの研究調査に取り組んでいた嘉田由紀子・遊磨正秀によるものである。この調査研究では小学生2,000名、その父母世代2,000名、祖父母世代2,000名という合計6,000名以上の回答から、魚つかみや水辺遊びの構造を、３世代の比較の中で追及している。そして遊びの本質ともいえるおもしろさを成り立たせている構造として、「主体」「環境（対象）」「社会性」の三つの軸を抽出している。その中で、「主体性の軸」には、「たくさん捕って競争した」「食べるものを採って親にほめてもらった」など、生き物つかみに付随する人と自然の複合的関係の中から、世代間の伝承の問題などの社会的複合論についての見解をも提示している（嘉田・遊磨，2000）。

そこには、人間と自然との関わりを見直す時、水辺遊びは単なる経済的価値の大きさや、生業活動の一側面のみならず、水辺遊びという行為や経験を通して人と自然、人と人の関わりの複合的社会性としての意味を読み取る必要があることを裏づけている。そして、今の子ども世代をとりまく社会的自然的環境の変化が大きいことから、父母世代、祖父母世代からの伝承が継承されにくいため、家庭内における世代間の伝承に限界があることに警鐘を鳴らしている。これは言い換えれば、地域の祖父母世代の生活経験が伝承されるか否かは、身近な自然とのふれ合いを可視化することができるかどうかにかかっているということである。このことから、生活感覚や生活経験を今の子どもやさらに次世代への伝承の可能性について考えるには、子どもの頃の経験の中からの見直しが必要不可欠であるということを意味している。

近年、自然との関わりにおいて、大人だけではなく子どもの頃から培われる共通の体験は、大人になっても結果的にコミュニティの発展に結びつく要因として注目されつつある。例えば、子どもが参画できる観察会や見学会などを通して自分が暮らす地域への理解を子どもの頃から促そうとする取り組みが各地で実施されている。

子どもの頃の遊びといえば、通常複数の子どもたちが集まって地域の自然の中でいっしょに遊ぶケースが多い。子ども組を研究した宮田登は、「子どもが集団をなして、村落内の行事に参加することになる」（宮田，1996）ことを通して、子どもの世界においての社会意識を育成するのに役立っていると指摘した。つまり、子どもの社会意識の育成は、地域行事の参加により形成されるものであり、その集団を子ども組ととらえているのである。

具体的に針江地区でみると、針江における子ども会は、現在も存在し、小学生がメンバーとなっている。そこでは、祭りなどの地域行事において、子ども会がその担い手として一役買っている。しかし、今回ここで取り上げる水辺遊びの対象は、子ども会としての組織的行為ではなく、日頃から自然とふれ合い、「自然の中でどこでもいつでもいっしょに遊びができる」子どもたちである。

昭和の時代と現代の子どもたちの遊びの環境を比べると、著しく変化している。自然の中での遊び方や仲間との接し方、それを支える子ども集団の構成も異なってくる。一見して、子どもの頃の自然との接し方と、現代の子ども社会が抱える問題との因果関係は、想像しにくい。しかし、長年にわたり水辺と関わってきた大人たちに、子どもの頃、どこで、どのような遊びをしたのかについて問うと、その遊びの世界も自然のとらえ方もより鮮明に現れてくる。それはなぜであろうか。

自然との関わりに関する社会学の先行研究の中では、鳥越皓之が茨城県で実施した霞ヶ浦（かすみがうら）周辺の居住者を対象としたアンケート調査が、「霞ヶ浦を身近に感じる程度と子ども時代の遊び経験との間に正の相関」がみられたことを指摘している（鳥越，2010）。

琵琶湖辺での３世代の水辺遊びについて、嘉田由紀子らが実証的に調査した結果によると、昭和30年代までの子どもたちが最も楽しんだ遊びは、大勢の子ども仲間と、大きな魚類をたくさんつかみ、それが家族の食卓にのぼることだった（嘉田・遊磨，2000）。一方で、水辺の環境が変化し、コンクリート世界が広がった現代の子どもたちにとっても、生き物をつかんで食べる楽しみの本質は祖父母時代と変わらないことが示された。また遊びの本質は「行為と意識が融合し」「自我喪失の集中性」「自己目的」「自己の行為と環境の支配観」という「フロー体験」であり、これら今でいう非認知能力の「フロー体験＝生きる力」の獲得が、子どもの遊びの原点であることも示された（嘉田・遊磨，2000）。フロー体験の深さは、変幻自在の水辺で、変幻自在に動く魚などの生き物つかみこそ、遊びの質を深め、高めることを示唆している。これは、本章の関心に引きつければ、自然との関わりの一環としての遊びは、地域社会の運営にも役に立つものになりうるという指摘とも受け取れるだろう。

本章で取り上げるのは、子ども会と呼ばれるハードな組織ではなく、日常において、何げなくいっしょに水辺遊びをする子どもたちである。日頃から水辺遊びをする仲間である子どもたちのことを、以下では統一して、「子ども仲間」と呼ぶことにする。

本章での調査手法は、現役の子どもへの聞き取り調査ではなく、今の大人世代に主に昭和30年代までの子どもの頃の経験を聞き取り調査したものである。ここでは、大人たちの子どもの頃や子ども仲間といった子どもの頃の社会における経験を記述するものである。そこから、まず地域内の子どもたちの水辺遊びのありようを明らかにする。そして、この共通体験を介して、子ども同士ならではの遊び文化を成り立たせる社会的仕組みとは、どのようなものかを示していく。さらに、子どもの頃の遊び体験と現代の子どもの遊び体験とを照らし合わせることで、水とかかわる社会の根本的な問題と自然の中で遊ぶこともできる地域社会の運営について考えてみる。これらの水辺遊び体験や関わりの仕組みを通して、そこが「自然への礼節」（鳥越, 1997a）を学び、自然と「生きる力」（嘉田・遊磨, 2000）を獲得する場であったことを明らかにしていく。

以下にその具体的な内容をみていこう。

2　地域の自然のすべては遊びの場

「自然は庭のようだ。いつも皆とどこでも遊んだ」と針江の大人たちはよく口にする。このような自然との遊び体験は遊び仲間や遊び場を失う地域にとっても魅力的に映ることであろう。この発想は、自然と遊ぶこととは、何であろうかとの考えを広げてくれる。地域の自然のあるところはすべて遊びの場となり、自分の家の庭のようなものと表現している。そして、そこで皆といっしょに遊ぶことができる暮らしの社会性が活きていた。このような自然を保ち続ける地域は、そこでの暮らしに自然との関係だけでなく、人びととの社会関係をめぐる「安心感」も与えてくれることだろう。

では、地域の自然の中で、どのような仲間や集団でどういう遊びがあり、どのようにかかわっているのであろうか。ここでは、①大人と子どもと共同で遊ぶことと、②子ども同士で遊ぶことの、二とおりに分けてみてみる。

まず、大人と子どもと共同で遊ぶことについてみてみよう。地域の大人も含めてみんなと遊ぶ体験は、針江においてもよくあったという。かつて、寒い冬でも屋内で地域のおじいちゃんやおばあちゃんたちが、子どもたちと温かく楽しく過ごすことができる共同の憩いの場があった。その場所は、集落の中央に位置する日吉神社の入口あたりにあり、「バンバ」と呼ばれ、その中では、囲炉裏（いろり）のような火たきができ、お餅や団子などのおやつがあり、大人も子どもも皆がいっしょに食べたり、子どもの見守りをしたりしていた。「バンバ」は、おじいちゃんやおばあちゃんから昔話や童謡などを子どもたちが教わるなど、大人と子どもがともに過ごす大切な場所だったという。

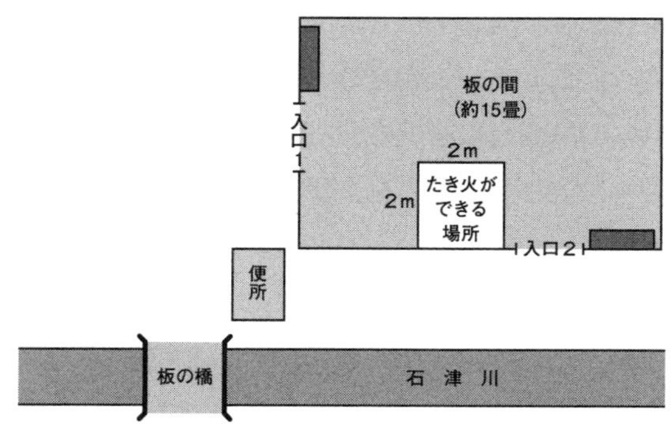

図1　「バンバ」と呼ばれた小屋の平面図

このような地域の中で共同の遊び場である「バンバ」の存在は、針江のみならず、他の地域にもあったことが記されている。例えば、『江戸時代　人づくり風土記　近世日本の地域づくり200のテーマ』によると、新潟にも大人も子どもも楽しく遊べる場所があった。「新潟ではかまくらのようなものを「雪ん堂」と呼びます。中をいくつかに間仕切りして、筵を敷いて部屋をつくります。そこには神棚や囲炉裏までつくれられます。そこで煮炊きをしてみんなで食べます。飽きると外で雪遊びです。ままごと遊びの原型を見るような気がします。「玉栗」という遊びもあります」と記されている（農山漁村文化協会，2000）。

次に、子ども同士での遊びについてみてみよう。自然の中での遊びをめぐる人びとの話を聞いていると、子どもは実に大人に負けないしっかりとした存在であることに感銘を受ける。針江では、水路、川、内湖、湖辺、琵琶湖などのすべてが子どもの遊び場だった。現在、60代から80代の住民の多くが子ども時代の頃、「学校から帰ってきてすぐにみんなとどこでも遊んだ」のである。その様子については、次の語りからもうかがえる。

写真１　仲間たちと琵琶湖で遊ぶ　1950年代頃（写真提供：美濃部進）

写真２　仲間たちといっしょにシジミ採り 1950年代頃（写真提供：美濃部進）

写真３　大川で遊ぶ

写真４　大川で捕れた生き物に興味津々

「水路や川での遊びはもちろん、中島（内湖）や琵琶湖でもよく遊んだ。みんなが舟に乗って、大川を通って中島を経て琵琶湖へ遊びにいくのもよくあった。琵琶湖や中島で遊びがてら、魚などを網で捕ったり、手でつかんだりしていた。ウナギ、シジミ、魚などを捕っていた。押し網を使うと魚がぽんぽんと上がってきたことがあった。そこでは、親に内緒でいろんなやんちゃをしていた。寒い時期でも舟に乗って琵琶湖へ遊びに行っていた」

昔は、幼稚園の子どもたちや小中学生もいっしょに竹で竿を立て、舟を漕いで大川を経て、琵琶湖に出かけていた。

「大川から琵琶湖まで下っていくのは楽だったが、琵琶湖や中島から家に帰ってくるまで、水の流れと逆の方向へ上っていくときには、舟がなかなか進まなかった」という。そのため、子ども仲間が舟といっしょに大川まで帰って来るには、舟を引っ張る役として数人の力が必要だった。子ども仲間の中で、舟の先の尖った部分に紐を取りつけ、引っ張っていく子どもを多めにすることで、ようやく舟を動かせることができた。舟の上で舵をとりながら舟を動かすのが最も難しいため、これはやや上の学年で力のある子どもの役であった。

「今振り返ると、子どもなりによくあんな大きい舟を動かしたな」と現在60代、70代、80代の住民たちが口をそろえて語る。また「子どもたちが乗った舟は小さい舟だったが、舟が大きく重たかったなと皆が覚えている」という。子どもの頃、舟を動かすには川の水の流れに逆らって進む苦労があったにもかかわらず、自然の中で「皆との遊びが大好きだった」という。

水辺遊びは、水の状況や水との慣れ具合によってその印象が著しく異なっていた。子どもの頃の皆の遊び場について、住民たちは「水路や川で遊んで、そして内湖や湖で遊ぶ」という共通経験を持っており、その経験を通じて環境や仲間との関わり方などを覚えていくものだった。その詳細については、次に川での遊びと湖での遊びに分けてみてみる。

3　川での遊び
――環境適応のステップ

川での遊びは、四つのステップに分けられる。

写真５　タライに乗って大川で遊ぶ　2000年代頃
（写真提供：吉野成子）

写真６　タライに乗って水路で遊ぶ　2000年代頃
（写真提供：吉野成子）

まず一つ目のステップは、タライを使う水辺遊びである。タライは、直径が約１m、深さが30～50㎝ほどで、もともとは洗濯道具として使われていた。かつては嫁入り道具としても各家で大切に使われていた。このタライが針江では、水辺遊びの道具としても子どもの間で広く親しまれてきたという。夏頃、タライをもって子どもを連れて川へ行き、水辺遊びをする親子も多くいた。川で洗濯物をすすぐ女性や、幼児をタライに乗せながら、水に浮かばせていっしょに遊ぶ子ども兄弟の姿も多かった。子どもといっしょに川に入って遊ぶ親、小さい子をタライに乗せて水辺遊び体験をさせる親など、子どもとともに水にふれる光景は、いつも針江で見られた夏の川の風景であったという。

「当時、小さい子で、まだ一人で歩けないような子や小学生の子がタライに乗ってよく遊んだ。昔の川の法面（のりめん）は泥や土で、そこに草や花も咲いてホタルもいて、川底は砂地で魚を追いかけながらいっしょに遊んでいた。現在の公民館前を流れる大川の水深は、小学生の膝下あたりまでだった。魚つかみやタライに乗る子がいれば、自分で遊ぶ子も女性もいて賑やかだった」という。そのような楽しい思い出は、「今でもはっきり覚えている」と振り返る。現在でも、夏になると、孫をタライに乗せて水辺遊びをさせる祖父母もいるという。吉野成子や田中久美子も夏に幼い孫をタライに乗せ楽しい水辺遊びを体験させたりして、小さい頃から水に慣れ親しむことができるという。

このように、幼児の頃から水辺遊びの楽しさを覚え、水との接し方を覚えていたのである。

図2　タライを使って水辺遊び

大川と石津川が合流する手前の浅い所から数人がそれぞれのタライに乗って、一斉に大川を悠々と下っていくこともよくあった。タライに乗ってずっと下っていくのではなく、大川の水が深くなってくるところの手前まででしっかりと止めておくことを皆が知っていたという。このことは、子どもの間で根づいた決まりごととなっていた。このような水辺遊びを通して、親しまれたタライを、子どもの間で「タライ舟」と呼んでいる。

二つ目のステップは、浅い水辺での遊びである。子どもが歩けるようになってからは、タライに乗せられないので、とても浅い水路や、みんなの憩いの場でもある公民館の前の川辺で水辺遊びをする。この時は、子ども同士、親や兄弟、またそこに集まってくる針江のおじいちゃん、おばあちゃん、お母さんたちに見守られる中で水辺遊びをする。４歳、５歳の子どもたちも多かった。

三つ目のステップは、水深がやや深い川での水辺遊びである。針江の中で、川の水深が一番深いところは石津井の近くになり、小さい橋の手前あたりの川である。やや上の学年の子どもたちは、一つ目と二つ目の水辺遊びのステップを経て、ようやく水に慣れてきてから、このやや深いところで水辺遊びをする。熟練した子は、橋の上から競争しながら、飛び込んで水の中に潜ったり、魚をつかんだりしていた。この場所では、地下からの湧水があり、夏が近づいてくると水辺遊びをしたが、水温がやや冷たいため、寒くて唇が真っ青になる時もあったという。冷たくても、ここで皆がよく遊んだという。

図３　川で水辺遊び

遊んだ後に、この川を渡る幅が約２m弱の橋の上で、皆がお腹や背中を上向きにして、太陽の日差しで体を干していたという。時には、背中が真っ赤になる子もいた。

当時、男の子はフンドシをつけ、女の子はブルマパンツを履いたままで橋の上で甲羅干しをしていた。ここでの水辺遊びは、夏頃はみんながほぼ毎日、陽が落ちるまでしていた。次の日に何も言わなくても、同学年の友達からは「またあそこで遅くまで遊んだな」と、日焼けの具合ですぐにばれてしまったという。

四つ目のステップは、大川から中島やガマと呼ばれる内湖のあたりまでのところで水辺遊びをする。子どもたちは、「ここまでは遊んでよい、この先は行ってはいけないことを皆が知っている」という。

4　湖での遊びの成長
――社会性が育つ環境適応のステップアップ

上記の四つのステップを経て、川や内湖での水泳や水辺遊びに慣れてきた子どもは、高学年の子どもたちがようやく湖での遊びに連れていってくれる。湖での遊びは、主に三つのやり方に分けられる。

まず一つ目の方法は、舟で三角の形を作り、三角の中に飛び込んで、竹をつかんで、舟の横に引っ掛かりながら泳ぎの練習をする。危なくなったら、

図４　囲んで水辺遊び

図５　対面になって水辺遊び

図６　１列にして水辺遊び

高学年の子どもたちがすぐに水に飛び込んで助けてくれる。

そして、二つ目の方法は、対面に並んで２列になり湖に飛び込んで交差するように泳ぐ。遠いところの竹生島（ちくぶしま）あたりまで皆が舟に乗って遊びに行ったことがあるという。

さらに、三つ目の方法は、１列になって水辺遊びである。まだ湖での泳ぎに慣れてない子は、高学年の子どもたちに４、５人ずつ連れられて、一つの舟に乗って琵琶湖まで出かける。湖辺の浅いところで舟を停泊させたあと、水泳の練習が始まる。そこで、子どもたちはいきなり舟の横の水中に落とされる。そうすると、水泳がさほどうまくない子でも、いきなり湖に落とされると必死に水をかいて泳ぐことになる。さらに、舟の上からは「ガバタロウ

図７　雨の日でも水辺遊び

(河童(かっぱ)の地方名)、ガバタロウが来る」という声をかけられるので、子どもたちはさらに必死に水をかいて泳いだ。話を聞いた住民の多くは、夏休みに湖で一斉に水に飛び込んでみんなと水辺遊びすることが大好きだったという。

当時、湖辺には砂地のところがあり、水が透明で水面からでも泳ぐ魚を見つけたり、追いかけたりして遊んでいた。晴れの日だけではなく、雨でも雷でも風の日でも湖で遊んだ。雨の日や風のある日には、針江浜の水は濁ったり砂まみれになったりする。水が濁ったとき、舟から水に飛び込んでいくと、頭が砂にぶつかったり胸に砂の跡がついたりしたこともあったという。水辺遊びをして手や足、体に泥や水草もついていた。

その他、湖での遊びについて、振り返りながら語られた言葉を整理しておくと以下のようになる。

「湖の水に慣れていない子どもには、高学年の子どもたちがすぐに助けてくれると皆がわかっていた。高学年の子どもたちが小さい子でもよく湖に連れていって遊んでくれた。高学年の子どもたちは、時には厳しいけれど、愛情たっぷりで優しかった」「水が怖い、湖が怖いと思ったことはなかった」「集落の子どもは、誰かが水辺遊びで怪我(けが)したり、子どもが水難にあったりするようなことは一度もなかった」

自然の中での遊びのルールは、特定の誰かが教えるというのではなく、自然にみんなで覚えていくものだという。この「みんなで覚えていく」という中には、場所によって以下のような水辺遊びも浸透していた。

「ガマ（内湖）でもよく遊んだ。最初は親や子どもといっしょに行くが、一人でも行った。ガマのここまでは泳いでいいとか、その先は泳ぎがだめだとか、みんながわかっていた」というように、子どもたちの間で子どもなりの情報が共有されていた。このような情報は何気ない遊びの中で覚えていくもの、身につけるものの他に、しっかりと高学年の子どもに見守られる中で身につけるものでもあった。

高学年の間では、子どもとの遊びは、しっかりとした役割があって、見守り役、流す役、受け取り役に分けられる。見守り役は、泳げる子どもで、しっかり舟の上で見張ったり、あるいは水中に入っていっしょに泳いだりする役である。流す役は、前へ進めるように補助する役である。また受け取り役は、元の場所へ戻ることを助ける役である。

5　水辺遊びから得られる知恵と秘密

「昔、自然が子どもの遊び場だった。それしかなかった」

「寒かろうが、暑かろうが、風が強かろうが、雨の日でもおかまいなし。魚や貝、シジミ採りやら水辺遊びやら、川、内湖、琵琶湖でとにかくいっぱい遊んだ」

子どもたちは、川に停泊する舟の下に隠れたゴリ（ヨシノボリの稚魚）などの魚を網や竹で作ったザルで捕っていた。捕った魚は、家に持ち帰っておかずとして食卓に上がることもある。さらに賢い方法の一つは、子どもの間でよく知られていた。それは、子どもが川に入り、水中にある石を集めて水の流れを作ったところに、ショウケと呼ばれる竹製のザルを沈ませてゴリをいっぱい捕ることであった。子どもたちは、学校から帰ってくると、ショウケを持って、自宅の前の水路で魚を捕った。「魚を追いかけてよく遊んだ。ショウケにいっぱい入るくらい魚が捕れたときは自慢した」という。

水草がいっぱいある川の中に、自分しか知らない秘密の場所が３、４か所あったという。その秘密の場所は、子どもの腰まであたりの水深で、それぞれの経験から魚がいるところと認識していた。夏になると、みんなが川に入っ

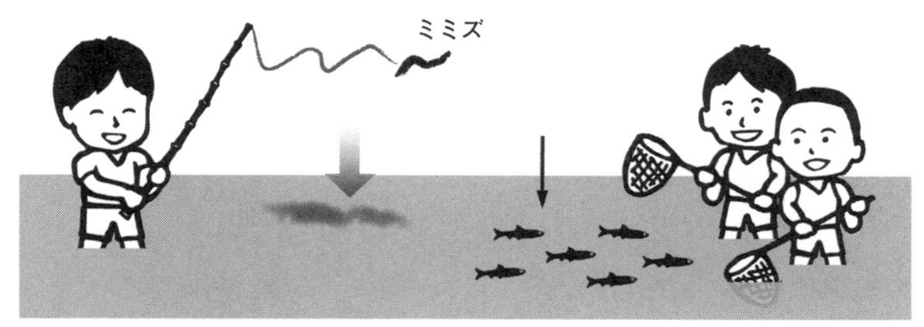

図８　鳥の影を作って魚の誘導、子ども仲間と魚捕り

て、魚が隠れる場所に手を入れて何匹がそこに隠れているかを確認するのも楽しかった。多ければ、子どもの間の自慢話になるという。

また、魚を誘導するのが上手な子がいて、「魚捕りの達人」だと思われていた。その子はかつて青年団にも入っていた。彼は漁師の家系でもなく、自分が漁師をした経験もなく、昔からずっと農業を営んでいる。竹の先に紐（ひも）をつけ、紐の先に餌のミミズをつけ、水面にフラフラ揺らすと水面に影が映る。この動いている影を、まるで水中にいる魚を狙うため飛んでいる鳥のように見せかける。そうすると、魚たちが慌てて逃げていく。この魚たちが逃げていく方向に子どもたちが網や小さい籠（かご）を構えておいたり、魚の隠れる穴などに誘導したりする。そうすると魚がいっぱい捕れたという。

子どもたちの遊び場所は水路、川だけではなく、水田や内湖、湖辺などだった。「かつて湖辺には、中島とガマと呼ばれる内湖が２か所あり、子どもが数人でいっしょにタブネに乗って内湖まで行って皆で魚捕りをしていた」。タブネに乗るのは、日によって異なるが、幼稚園の子や５、６歳の子もいれば、中学生の子もいた。

ガマは、湖辺にある壺のような形をしている内湖であり、その周りには、田んぼの他、狭い川があった。これらの田んぼを耕すには、畔（あぜ）作りなど定期的に土のかさ上げや藻や泥かきも必要だった。ガマの中に、植物のガマやマコモ、ヒシなどが生えていた。これらの植物と泥は、ガマ周辺の畑や田んぼの肥料にする貴重な資源だった。第１章で詳しく記したとおりだ。

「昔はガマという植物も田んぼの肥料にしていた。ガマや泥は田んぼの肥料や畔の補充用土としてもたりないほど、大切な資源だった。それらは、いつでも刈り取りができるというわけではなかった。ガマなどの植物は溜まる暇もなく、時期になったら皆が刈り取ってしまうから。近年ではガマが増えすぎて困っている。それらの植物は、昔は皆がほしがって貴重だったのに。当時、これらの資源の取り合いになったこともある」

この内湖はツボの形をしていて、入口のところは幅が1m前後で非常に狭く、中は1反（たん）（約10a）くらいの面積があり、プールのように広がっていて、そこでみんながよく水泳もしていた。その真ん中は深く、そこにシオチャンという方の舟が泊められていた。当時、ガマには、エリなどは何もしかけられていなかった。この内湖では、子どもも大人も、ヒシ、ドブガイ、ナマズ、カラス貝などを採っていた。

子どもの頃、子どもたちは内湖で水辺遊びをしたり、ナマズなどの魚つかみをしたり、割った竹の先に糸や針をつけてナマズを釣ったりしていた。生きたベタジャコ（タナゴ）を針の先にかけ水面に落とすと、ナマズがパクッと食べる。ナマズはタナゴの背びれに刺されて逃げられなくなるので、よく釣れた。また、竹の先につけた糸に結んだ釣り針の先に餌をつけナマズ釣りをしていた。小学生くらいの子どもはみんな経験したという。また、水深が1mほどと浅いところでは、足をガマの中に突っ込んでグルグル動かすと、大きな貝をつかめる。帰りに魚や貝などを舟に乗せて家に持ち帰った。

琵琶湖ではシジミを採ったが、ガマでは、カラス貝など大きな貝を捕って家に持ち帰ってそれを焼いて食べた。ヒシ採りもしておやつにした。ガマで遊んで、また再び湖で遊んで、それから帰る子もいれば、ガマだけで遊んで、貝や魚釣りをして帰る子もいる。

オシアミは、幅2㎝の竹の皮2枚を外に重ねて輪を作り、径2.8㎝の丸竹4本を骨に組み、荒目の網をつけた漁具である。夜、灯火をつけ、湖岸の葭地、沼、水路などで舟から水面を押し、手ごたえがあると網を落として産卵期のコイ、フナを捕る。オシアミは昭和30年代に製作され、昭和40年代まで使用した。

図９　内湖での遊び

写真７　オシアミ（所蔵：滋賀県立琵琶湖博物館）

6 自然はおいしい
——おやつがいっぱい

水辺にあるノイチゴ、ヒシ、クワイチゴ、クワなどは、子どもたちのおやつだった。夏には、「みんながいっぱい遊んで、お腹もよく空いてくる。クワイチゴやらクワやら、よく食べた」。琵琶湖へ向かっていく途中でも、すでにお腹がいっぱいになる。大川の水辺にあるクワイチゴを食べて、「みんなの唇が紫になってとてもおもしろく楽しかった。みんな、おやつが大好きだ」。また、ポケットにクワイチゴを入れて服まで紫色に染まった子もいる。

夕方に内湖で遊んで帰ると、全身が泥や葉っぱまみれになったので、川で落としてから家に入った。川の水ではなく、カバタから流れ出る水を体にかける子もいた。

針江浜には砂の畑があり、そこにはサツマイモ、夏野菜やスイカが植えられていた。６月になると、子どもたちは、ノイチゴやクワの実を採って食べたり、生のサツマイモやトマト、ナスなどの野菜を食べたりしていた。ヨシの茎を切って、茎をストロー代わりにしてスイカに差し込んで果汁を飲むこともあった。大人たちに見つかると、「こらーっと追いかけられるが、あまり怒られなかった。おおらかな時代だな（笑）」という。秋になると、湖辺や川の脇にある柿などを採って食べていた。また、乾燥したソラマメも子どものおやつで、とても硬かったが皆がそのままかじって食べていた。

図10　自然のおいしいおやつを食べる子どもたち

魚や貝などはほとんど家に持ち帰って「母親やおばあちゃんがおかずにしてくれておいしかった」という。

7　冬でも自然の中で遊ぶ

1951年頃までは、戦争からの復興や生活復旧もまだ十分でなく、靴下などもなかった。雪が積もってくると、靴が濡れるため、冬時でも長靴がなく、竹や藁を材料にして作ったものを履いて雪の上を歩き、雪を掃き、雪遊びもしていた。

集落の位置は、湖辺から近く平野部にあり、冬には雪が降り風も吹く寒い気候である。屋根や水辺には氷柱（つらら）がよくできた。最近よりかなり寒かった時代である。素足で雪にふれると冷たく震えるものの、子どもたちはお構いなく、皆といっしょに雪遊びをして楽しんだ。70代の住民たちも、中学生の頃、同じ学年だった子たちとよく雪遊びをしていたという。

家と家の間の道路や子どもの通学路などは、青年団の人たちが雪掃除をして、道を開けてくれた。

集落の中で、冬の風避けのため、子どもたちの通学路の１か所に「雪かこい」と呼ばれるものが作られた。この「雪かこい」は、家から学校までは約

1.5kmあり、家から学校にたどり着くまでのちょうど真ん中あたりにあった。その構造は、藁で丈夫に編んだ壁を北向きにし、その上に藁屋根を斜め向きに被せるもので、雨や雪、風よけにも効果がある。これは、冬時に風が吹いても雨や雪が降っても、子どもたちが無事に通学できるように、大人や青年団の人たちによって設置されたものである。集落の子どもたちは、学校に行く時の朝、この「雪かこい」まで来ると、一息休んで友達と遊んでから学校に行った。また放課後でも、この場所まで来ると、友達と遊んでから帰る子もいた。

この「雪かこい」は、集落の子どもたちにとって、異なる学年の子どもといっしょに通学や遊びもできる憩いの場になっていた。

8　世代を超えた環境適応経験の継承

マイナー・サブシステンス論では、労働とは異なった「遊び」の要素を含む生業や副業の意義が強調されている。例えば、菅豊は、「いかなる形であろうと、必ずや何らかの生産をともなうものであって、この点において純粋な遊戯とは区別される」活動と定義し（菅，1995)、これらの生業には「深い遊び」（菅，1998）が含まれ、単なる遊戯ではないと指摘している。

このような労働や純粋ではない遊びの要素を含んだ副業的活動は針江地区においても行われていた。圃場（ほじょう）整備が行われる以前、住民たちは水路や川、水田、内湖、湖辺などで魚や貝などの資源の「おかずとり」をしていた。これらの活動はマイナー・サブシステンス的特徴として位置づけることができる。

しかし、本稿で注目した自然界での子どもたちの水辺遊びという行為は、マイナー・サブシステンス論だけでは位置づけにくい。ここでみようとしている水辺遊びは、これまでの生業複合やマイナー・サブシステンスの要素である「おかずとり」や「おすそわけ」のような、生業の伝統とリンクするものとは異なる関心に基づくものである。ここでは、生業や生産の側面ではなく、自然の中で仲間といっしょに遊びをするという生活レベルの遊びであり、あえて水辺遊びの純粋さが強いものを取り上げた。この遊びを通して水辺における自然との関わりの現代的意義について再検討することを視野においたものでもある。

自然の中で「どこでも遊んだ、みんなとよく遊んだ」行為は、「人と自然との関わり方」と「人と人との関わり方」に分けてみることができる。すなわち、人が自然との関わりの濃淡を調整するための働きかけは大きく二つに分けられる。一つは人が自然に対する「段階的働きかけ」であり、もう一つは構成員や環境に合わせて調整される「状況的働きかけ」である。「段階的働きかけ」には、三つの段階がある。事例からみられたのは、タライや水路や川の浅いところで遊びをするという水に慣れ親しむ初期段階、そして橋の上から川に飛び込んで遊びをするという水や周辺環境への判断ができる中期段階、さらに湖周辺で遊びという高い段階に分けて、ステップアップさせる働きかけのしかたである。一方「状況的働きかけ」とは、その都度に集まる人や遊び環境の状況によって遊び内容や手段を調整する働きかけのしかたである。

これらの働きかけに加え、人と人との関わり方においては、子どもたちの水辺遊びの実践から示した見守る役、流す役、受け取る役などといった互助の仕組みも遊びの中から築き上げられていたことが示されている。

このように地域社会では、子どもの頃からすでに自然に対する働きかけの社会関係が発達し、自然に働きかける手段として確保され、関わりの濃淡の調整ができる構造になっていたことがうかがえる。

現在の水辺遊びは、かつてのように子どもたちが田舟に乗って遊びにいく形をとっていない。川の水量が減り、川舟を所有している家もなく、大人の同伴なしでかつてのような遊びをすることは危険と判断されるためである。

しかし形は変わったが、現在も地域の子どもたちは多様な形で水辺遊びを継続している。例えば、夏になると、子どもたちは川に入って、魚や生き物を捕ったり、水泳をしたり、川辺で花火をしたりする。水辺遊びの道具は、主に魚や生き物捕り用の網類の他、タライやプラスチックのいかだである。これらの道具を使って、川遊びをする地域内外の子供たちの姿や、子どもをタライに乗せたり魚つかみをしたりする水辺遊び体験をさせるおじいちゃん

写真8　いかだに乗って遊ぶ（写真提供：橋本剛明）

おばあちゃん世代の姿もある。いかだに乗って楽しむ小学生や中学生たちも多く見られた。

お盆などの祭り時には、子どもたちは願いを灯籠に書いて川に飾る取り組みを行っている。かつて針江には、あの世から先祖の霊が戻ってくるとされるお盆の時期に、団子などを葉っぱに包んで、人びとの思いとともに川に流すという風習があった。そういった風習を受け継いで水に慣れ親しむ生活経験を次世代へつなぐため、始まった取り組みであるという。

では、なぜ、現在でも子どもたちが水辺遊びをする状況になっているのであろうか。

それを支えるのは、「皆が夢中になって、いっぱい遊んだ」、「当時の経験を伝えなくてならない」という50代〜90代の人びとの思いである。住民たちは「毎年、子どもの水辺遊び活動をやっている。今でも水辺遊びの子どもの姿をみて安心する」、そして、「水辺遊びのすべてを仲間とともに分かち合うことの喜びや安心もあり、それが財産だ」と人びとが語った。このことからは、水辺遊びという経験が共有され、それがみんなの財産となっていることがわかる。この生活世界は、世代が異なっても「自分たちの誇り」として息づくものとして読み取れる。水路や川、内湖、湖辺などの自然に対して、日頃からの働きかけを絶えず行うことにより、水辺遊び経験が時と場合によって再現され取り戻されつつある。つまり、水辺遊びは、「突発的な出来事」ではなく、地域の人びとの多様な働きかけによって成り立っていることがわかる。こ

写真９　盆祭りの賑わい

写真10　子どもたちの希望を

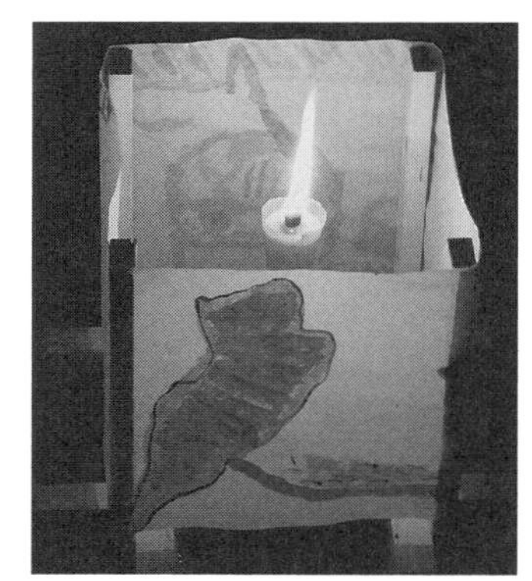

写真11　子どもたちの思いを

写真12　子どもたちの願いや思いを川に飾る

れらの水辺遊び経験や伝統は、すべてその時のままの形として残らないとしても、水辺遊びから得られた人と自然の親密さ（経験、記憶、精神など）は継承されている。

水辺遊びは、一見して子どものみの世界としてとらえられがちである。しかしながら、子どもたちの自然への働きかけは、単なるその場限りのものではない。水辺遊びの場から戻ってくると、「魚とれたかい。シジミいっぱいね。背中に（草や砂）いっぱいついている」や、「こうちゃん、どこにいるかな。家にもどったか」、そして、「おかえり。いっぱい遊んだね。どこで遊んだ？　どうやった？」といった大人側からの言葉を誘発する。それによって、日常生活の中で大人は子どもの水辺遊びという行為を把握している。つまり、水辺遊びという行為は、子ども同士や大人との間の「相互認知」という要素が含まれる社会性を有するものでもある。

今日の水辺には、かつてのように川と湖の間に田舟で行き来する人びとの姿や湖辺のジュクジュクした田んぼはなく、内湖でエリを行うこともなくなっている。こうした生業にかかわる「おかずとり」の遊びという要素は過去の形のままには残されていない。かつてのように子どもたちが舟に乗り込み、みんなで一生懸命に漕いで内湖や湖辺まで遊びに行くことはできなくなっている。

このような環境や暮らしの変化にともなって、水辺遊びができる環境や地域は、かつてとは著しく変わってきた。その中で、子どもたちの水辺遊びというと、「過去」のものであるという見方もできるかもしれない。しかし、現代においても、「過去」の経験を生かしながら、引き続き水辺遊びを可能にする取り組みが、針江には存在している。

大人たちは、それらを「継承すべきもの」と考えているということだ。

環境が変化していくなかでも巧みに継承されている水辺遊びの経験は、「大人個人としての選択」と「地域としての選択」が嚙み合ったことで、現代社会に息づいている。この仕組みを、ここでは「段階的経験活用」と呼ぼう。言い換えれば、現代における水辺遊びは、唐突にいきなり行えるものではなく、これまでの地域社会固有の共通経験を活かしながら総合的に働きかけることで、実践されるものとなる。それは、必ずしも「過去」として忘れ去られていくとは限らないことが明らかとなっているのである。

「段階的経験活用」は、人と自然の「近い距離と遠い距離」の間を調整／調節する機能をもつ。言い換えれば、このような「調節・調整装置」の有無によって、地域社会における「人と自然、人と人」の距離が決まってくるのであろう。

現代社会の問題に結びつけるなら、高齢者世代が有する記憶を子や孫の世代に引き継ぐことで、自然環境を維持しながら地域社会の活力が生み出される可能性を示している。これは、住民同士の日常的なコミュニケーションを活発化させる、すなわち集落単位のミクロな地域づくりの基本形ではないだろうか、と考えている。針江地域からの「人と自然」の関係性が「人と人」の距離の取り方と密接にかかわっている、この実態は、今後の人と自然の関係性を深める将来的展望にも、示唆的となるであろう。その期待をこめて、本章をとじたいと思う。

第3章

守りを貫く地域コミュニティ「生水（しょうず）の郷委員会」の挑戦

1 カバタがなぜ注目されるようになったのか？

水とともに生きる人びとは、水辺遊びや日常的に使う水の確保などを通して、そのつき合いの意味と作法を学び、関わりの濃厚な社会関係の中に、その経験と思いを活かしてきた。その象徴の一つがカバタをめぐる昔ながらの生活リズムを、今の仕組みの中に整えていく地域コミュニティの工夫の姿であろう。ここでは、水と生活とが密着した地域コミュニティの活動に注目し、地域性のある水と人との関係を展望する。特に大きな時代の変化の中での地域コミュニティの活動の中から以下の２点に着目して考えてみたい。

１点目は、外部との関わりの中で、地域にもたらされる変化とは何かについてである。

２点目は、地域資源（私有空間の共有化を含めて）への働きかけの仕組みについてである。

以下では、湧き水をめぐる地域コミュニティの設立の経緯やその詳細な活動内容、外部からのまなざしを受ける中での内部的な変化、そして本来私有空間である台所のカバタの共有化のプロセスの順に追って、その詳細をみてみる。

まず、昭和30～40年代に水道（簡易水道、上水道含めて）が導入されるまで、琵琶湖辺の200集落では、飲み水を井戸水やわき水など地下水依存の集落は76％を占め、川水や湖水など自然の水に依存していた集落も22％あった（嘉田，1984)。つまり自然の水をそのまま飲み水に使っていた集落は少なくなかった。それでも赤痢やコレラなどの水系伝染病がほとんど出なかったのは、屎尿などを肥料として田畑にまわし、おむつなどの汚れものは川では洗わないという「上と下」の使い分けが厳密になされていたからだ。しかし、農薬が入り始め、また洗濯機なども入り生活が近代化するにつれて水道の需要も増えてきた。針江のある新旭町では1982年に上水道が入り、行政は衛生水準の確保などで水道の普及を行った。滋賀県全体でも1955年（昭和30）頃には大津市と近江八幡市にしかなかった上水道が、昭和50年代初頭にはほぼ全県に広がった。

1980年代末に、筆者の一人（嘉田）が高島市内の生活用水調査をしている時だった。針江集落を訪問した時、家の横から水が流れ出ているのをみて、庭におられる女性に「カバタを使っていますか」と尋ねた。すると「カバタなんて使っていない。カバタは不潔でしっけるから、町からは水道を使えと指導されている」という回答。それでも水が流れ出ているので、どうしても見せてほしいと屋敷に入れていただき、水屋の戸をあけるとそこに湧き水がわいていて、横には歯ブラシがかかり、タオルがかかっている。「ここで朝、顔を洗っているんですか？」と尋ねると「昔からつこうているし……夏は冷たいし、冬はぬくといし」という答え。だんだん詳しく尋ねてみると、飲み水や料理の水も湧き水を使っていて、水道は万一の時だけにつないでいるという。それでも町からは「カバタの水は不潔、水道が赤字になるから」と水道を使うように指導されている、という。つまり1980年代、そして1990年代でもまだカバタは遅れた水使いで恥ずかしいもの、という意識が針江でも広がっていた。滋賀県全域の600集落調査を琵琶湖博物館準備室で行ったが、どこでも上水道が上等の水、井戸や湧き水、川水は遅れた水、と意識づけられていた。しかし、水量が豊かで清浄な水が確保できるところでは伝統的な水利用をこっそり、ひっそりと生活者目線を活かしながら、使い続けていた。

水利用の状況について、かつて水道関連の仕事を経験した針江の方の話によると、1982年頃、水道メーターが示す使用水量の数値はゼロばかりだったという。そして、当時、内カバタと外カバタの両方をもつ多くの家では「カバタの水で生活のすべてがまかなえるので、水道を使う必要もなかった」と

写真１　住宅は撤去されたが、カバタが残されている敷地

いう。

近年、針江の中でもカバタの数が減っている。その背景には、琵琶湖総合開発事業以降、湧き水の湧出具合が変わってきたことがある。特に湧き水の勢いが弱くなったり、水が湧き出なかったりして、数軒の家の外カバタの水が枯れてしまった。鉄分が出るようになったカバタが使えず、そのままの形で残したり、湧き水が出ないカバタの代わりに、ガチャコンポンプ（井戸用手押しポンプ）を取りつけて取水したりするところもある。

2000年頃から京都精華大学の学生といっしょにカバタ調査をしてきた小坂育子によると、2010年段階で170世帯のうち110世帯にカバタがあった（小坂、2010)。2021年段階でもこの数はほとんど変わらず、針江の旧集落の170世帯のうち約120世帯にはカバタが最低一つはある。また古い住宅とともに元のカバタを壊した場合も、新しいカバタをつくる家族もある。

さらに家そのものの建物は撤去されてもカバタだけ敷地内に残されている例も少なくない。住宅の建物以上にカバタの水脈が大切にされていることがわかる。

集落内の変化については、いつの頃からか、集落内を歩いても、賑やかな子どもたちが外で遊ぶ姿を見かけることが激減しているという。2003年のとある日、地域の子どもが知らない人に連れ去られそうなことがあった。その時、通りかかった集落の方々が駆けつけたことで小学生の子は難をのがれた。

これをきっかけに「子どもを地域で守らないとあかん。みんなで守っていくことが大事だと改めて身の引き締まる思いだった」という。かつて、集落を歩くと、子どもの笑い声、遊び時の賑やかなかけあい声などがよく耳に響いたという。子どもの側では、「あっ、○○じいちゃん、□□ばあちゃん」と呼び、大人それぞれをどこの誰か把握していた。大人の側も、「あの子は問屋の子、その子は石屋の子。どの家の子かは、お互いにみんながわかっとる」ものだった。これを転機に、集落内での交流を活発化させることも目的の一つに、カバタ文化などの特色ある暮らし、地域課題などについて、住民たちは日頃から多様な取り組みを行うようになった。それが「生水（しょうず）の郷委員会」の発足だ。

1990年代まで、「遅れていて恥ずかしい水利用」と思っていたカバタが、2000年頃から、外からの目で次第に注目されるようになってきた。大きなきっかけは今森光彦の2000年代初頭から、水や里山、そこに暮らす人びとの生活世界をとらえ続ける映像だ。今森光彦は数々の著書の中で針江を取り上げはじめた。『湖辺（みずべ）　生命の水系』（今森, 2004）や『藍い宇宙　琵琶湖水系をめぐる』（今森, 2004）において、水文化とその生活世界をとらえ続けている。そして、「里山・琵琶湖畔 写真家・今森光彦の世界」が放送され、NHK番組『NHKスペシャル 映像詩 里山 〜命めぐる水辺〜』によって、湧き水の暮らしと「おかずとり」の田中三五郎の漁業風景が紹介された。この映像詩は、NHKスタッフがまる一年以上、針江に住み込んで撮影した力作だ。

また2003年には国内外の水関係者が集まり、水問題解決に向けた第３回世界水フォーラムが滋賀県、京都府、大阪府の協力で開催された。その開催に合わせて、筆者の一人の嘉田由紀子が代表となり、「世界子ども水フォーラム」を開催した。この国際会議において、針江の人びとは「水と文化研究会」とともに、暮らしの体験や自然観察など水に学ぶ世界各地からの子どもたちを受け入れていた。その時、アフリカなど世界各地から訪れた約80名の子どもたちは、針江での暮らし体験などを通して「針江は水のパラダイス」であると称賛した。例えば具体的には、ネパールから来た14歳のスミトラは、「湧き水がわいているのは大地が元気だからだ。集落の水路にゴミがないのは

写真2　日吉神社前の水路に泳ぐコイをのぞき込む海外からの訪問客（写真提供：森聖太）

写真3　カバタを見学する海外からの訪問客（写真提供：森聖太）

集落の人たちにきれいに掃除をするという意識があるからだ。水道の蛇口の水が出るのは、行政が仕事しているからだ。ネパールにはこれら三つのどれもない。ここは水のパラダイスだ！」と意見交流会で言ってくれた。これらをきっかけに、針江は世界の子どもたちにとっても人気のある地域となっている（嘉田・古谷，2008）。

今森光彦の映像や水フォーラムでの世界の子どもたちの訪問をきっかけにして、水のある暮らしは一躍その存在を国内外に知られるようになり、さらに人気のある地域の一つとして親しまれている。湧き水の暮らしにも関心をもつ多くの人びとは、次第に針江に訪れるようになっている。

国外の人びとからみた水との暮らしについて、長年、外国人訪問者に針江を案内してきた森聖太は、次のように述べている。「海外からの来訪者にとって、カバタの建物や水路、澄んだ水、池の生き物などは関心事の一つ。しかし、それら以上に彼らの心をとらえているのは、湧き水という自然の恵みを理解し、うまく使い、下流の人・将来の世代へ引き継ぐためのさまざまな「知恵」と「哲学」であると感じる」。「「一見不便そうだけれど、持続的で合理的な方法だ」などの感想をよく耳にした。水道のある現代になぜカバタを使い続けるのか。その理由の根っこにある知恵と哲学を知ることで、湧き水や生き物を見たときの驚きが「気づき」のあるもう一段階深い驚きに変わる。

これが針江訪問の大きな魅力となっているようだ」。

2 生水の郷を守るためのコミュニティづくり

住民たちは、2004年に「みんなで自然や文化や暮らしを守る、集落を守る」という趣旨を基に、「針江生水の郷委員会」を立ち上げた。その頃に制定された「生水の郷委員会会則」においても、「針江の自然環境とカバタ文化を保全し、地域発展に寄与する事を目的とする」ことを掲げている。活動としては、「本会は地域活性化を促進する次の事業を行う」ものとし、具体的には「自然保護の維持と人と自然の関わる環境作りを目的とした事業」と「見学者への対応」を行うとしている。役員構成には、会長、副会長、部長、会計、監査役などを置くこととなっている。

生水の郷委員会には設立の当初、20代が1名、30代が4名、40代～70代を含めて、二十数名が集まった。その構成は、元青年団の仲間や壮友会、老人会、元区長経験者などであった。「誘いがあったらすぐに飛び込んでいき、とことんやっていくタイプや、労を惜しまない人たち、豊富な経験をもつ年寄りたちなど」が当初から参加していた。また、住民に趣旨内容を配布したことや直接の声かけにより、「協力してほしい」とお願いしに行って、「断られる家はなかった」という。こうして生水の郷の活動は、多くの住民から協力を得て展開している。生水の郷委員会が立ち上がる前後の頃、集落の魅力や次の世代に残したいものやことや案内内容などについて何度も話し合いの場がもたれていた。みんながカバタにも集まって、夜遅くまで議論することもあった。その積み重ねの中で、カバタや川、湖との暮らしや人びとの気持ちや思いなどを、「ありのままで紹介する」という方針が決まっていた。その過程では、「見に来る人も案内する人もみんな楽しくやりがいを持てることも大切」なことや、「うまく紹介できないかもれしれないけど、飾らずありのままで紹介する」といった発言もあった。人と人のつながり、上流から下流への思いやり、カバタや田んぼには神さんがいるとする信仰や文化、魚などを必要な分だけを捕る習慣などを、変わらず続ける人たちの力も大きかったという。

当時の活動では、今森光彦のTV番組の「命めぐる水辺」を中心にカバタや内湖などの水辺の暮らしについて説明をしていた。魚捕り体験の他、明生(めいせい)会館（公民館）を会場に地元の伝統食材を使った料理つくり体験なども実施した。案内人が少ない当初、集落内を何度も往復したり、エプロンをかけたまま、孫を連れて案内したりする女性の姿もあった。「懐かしい里山の風景や暮らしを味わってみたい」という声が多く寄せられるようになり、その後、見学コースをカバタとまちなみコース、里山湖畔コースの２種類にした時期もある。

3 生水の郷の活動は海外まで広がる

住民有志が結成した生水の郷委員会は、ボランティアガイドによる集落内の見学ツアーや「カバタと町並み見学」、「里山水辺ツアー」、「藻やヨシ刈りツアー」の開催の他、内湖の水草除去、水路や川や浜の清掃、常夜灯の設置など、数々の取り組みを実施している。人びとは、「先人が築いてきたカバタ文化や暮らし、自然環境を守らなければなりません」という思いのもと、地域貢献につながるさまざまな取り組みを繰り広げてきている。ここでは、地

写真４　訪問者に湧き水を飲んでもらうために作成した竹コップ

写真５　子どもたちに伝える暮らしの知恵（写真提供：橋本剛明）

表1　生水の郷委員会の主な活動（抜粋）（2004～2018年）

年	自然や暮らしに関する主な活動（うちの一部）
2004	針江生水の郷委員会の設立 琵琶湖とカバタをめぐる定期ツアーの実施 今森光彦のNHKスペシャル「里山～命めぐる水辺」放映 今森光彦里山塾「湧き水で暮らす」協力
2005	内湖の藻刈り作業の実施、内湖に遊歩道の設置 今森光彦の里山塾「湧き水で暮らす」参画 湖西・森と里と湖交流会の実施
2006	「生水の生活 体験処」の開設、「針江かばた文化」展示協力 自然観察会「ボート乗って針江大川下り」の開催 犀川中学校が修学旅行で総合的な学習の受け入れ 京都精華大学生の調査研究成果等、かばた館での展示に協力
2007	子どもに今森光彦著『おじいちゃんは水のにおいがした』贈呈 藻刈り、針江大川下り、自然観察会の実施 日韓こども交流体験に協力、オーストラリアからのエコツアーの受け入れ 「今年を振り返る会」行事協力
2008	生水の郷委員会の事務所の設置、事務局員の常在 針江区夏祭りの活動参加、針江子ども会「星の観察会」の支援 ヨシ刈りツアーの実施
2009	中学校道徳教材本『あすを生きる３』に「「川端」のある暮らし」掲載 全国エコツーリズム大会 in 高島に協賛 関西経済団体連合会の関西ブランド・環境推進、パネルディスカッションに参加
2010	ユネスコ環境体験学習の受け入れ、「kodomo バイオ・ダイバシティ」の受け入れ 「ラムサール条約登録湿地関係市町村会議 in 高島」学習・交流事業に協力 ヨシ刈り事業の支援・活動参加 里山水辺再生フォーラム開催
2011	「びわ湖の日制定30周年協賛事業」記念フォーラム開催 びわ湖４島めぐり（小学生・老人会を対象）交流会の開催 水力発電利用の常夜灯の第１号完成、源流の郷研究会の参加 第14回アメリカテキサス州での「世界湖沼会議」に参加、生水の郷委員会の活動発表、意見交換
2012	第１回びわ湖源流の森づくり、苗木を針江の圃場に植樹 中島の藻刈り活動等の実施 福島県の子どもと針江の子どもの交流会の開催 琵琶湖博物館企画展示「魚米之郷」にて交流 常夜灯を針江区内各所に設置
2013	「マザーレイクフォーラム　びわこ会議」に参加 巨木と水源の森を守る会「栃の木祭」、朽木針畑「山帰来」に参加 今森光彦の里山物語　開催協力

年	自然や暮らしに関する主な活動（うちの一部）
2014	「びわ湖源流の森づくり」に植樹協力、栃の木祭に参加 第15回「世界湖沼会議」に参加 針江生水の郷委員会10周年記念フォーラムの開催（今森・嘉田対談） 森と水の旅「ヨシ原をめぐろう」に協力
2015	「びわ湖源流の森づくり」関連の植樹協力など 琵琶湖学習会「漁村文化の継承とヨシ帯管理」の開催に協力ほか
2016	内湖で樹々の伐採修景 琵琶湖博物館の展示スペース「新空間」にて針江生水の郷委員会による「針江・生水の郷」展示の開催
2017	高島市水辺景観協議会と共催、「水の文化」を学ぶ講座の開催協力 会員研修・交流
2018	新旭浜園地清掃作業の実施など 夏祭り「水辺灯り」竹灯籠・流し灯籠（水辺景観協議会）協力

出典：生水の郷委員会提供の資料より抜粋

写真６　地域内外の子どもの水遊びによる交流
（写真提供：橋本剛明）

写真７　川の清掃活動
（写真提供：美濃部武彦）

写真８　内湖での清掃活動
（写真提供：橋本剛明）

写真９　漁具や暮らしの紹介

写真10　環境にやさしいエコ石鹸や湧き水の使い方の紹介

写真11　生水の郷結成10周年記念対談の今森光彦と嘉田由紀子。進行は海東英和元高島市長（当時）（2014年6月2日）

写真12　田中三五郎夫妻を訪問した今森光彦、小坂育子と嘉田由紀子（2014年6月2日）

写真13　テキサスでの第14回世界湖沼会議への参加記念写真（2011年10月31日）
左から田中義孝、石津文雄、小坂育子、美濃部武彦、山川悟

写真14　英語で発表する小坂育子（2011年11月2日）

写真15　小坂育子と知事として参加した嘉田由紀子と海外からの参加者（2011年11月）

域の自然や暮らしに関する主な案内や保全活動の中から一部を抜粋して表にまとめている（2004年から2018年まで）。

このような多様な活動の中で、水に関連する世界の人びととの交流については、国際会議においても交流活動を行った。例えば、2011年に米テキサス州オースティン市で開催された第14回世界湖沼会議では、生水の郷における自然との関わりの伝統や日本の原風景でもある人びとの暮らしについての発表がなされ、生水の郷の活動が世界に伝わり、大いに関心が持たれるようになった。当時の会場の様子について、生水の郷の記録には次のように記されている。

「発表当日、世界各国の人びとが聴いてくれた。カバタの水が直接に飲めるのが珍しい。カバタ文化が素晴らしいとの声も多く」「徹夜して作った英語版のマップやヨシ笛を会場で手渡した。午後２時の開会前には50本のヨシ笛がみるみるうちになくなった。ポスターセッションでは、インドや各国からも取材された」。

また、自然や暮らしをテーマにした数々の活動の中では、委員会が設立された初年度の2004年９月にカバタ文化や暮らし体験など以外に、次世代への継承をめぐる活動も実施していた。例えば、針江の良さを次世代へつなぐ重点課題の一つとして、「将来の針江を担う子どもたちの育成は委員会の重要プロジェクトの一つであり、積極的に取り組んでいく」と掲げ、針江子ども会との連携活動の推進にも力が注がれていた。その中では、子どもたちが楽しめるいろいろな環境学習の場の提供や、都市と農村の交流を図る「子ども農山村」体験といった活動も実施されていた。

生水の郷委員会の活動は、地域の「案内や紹介」のための運営だけではなく、一貫して景観美化や環境保全、「暮らしを守る」ことを含めた地域づくりをめざして展開されている。こうした人びとの努力は国内外の各界にも注目され、数々の賞賛が贈られてきた。主なものを次頁の表２にまとめた。

生水の郷の人びとは、カバタ、川、内湖、琵琶湖、里山などの自然と人びとの暮らしを紹介しつつ、地域を守ることに常に心掛けてきたのである。こうした人びとの努力により、国内外の大人のみならず、世界各地の子どもた

表２　針江における受賞、選定、放送ほか（抜粋）（2004 ～ 2015年）

年	内　容
2004	NHKハイビジョンスペシャル「里山～命めぐる水辺」放送
2006	近畿農政局「豊かな村づくり」農林水産大臣賞受賞　針江げんき米グループ
2007	第３回エコツーリズム特別賞受賞
2008	「針江の生水」、環境省「平成の名水百選」に選定
2009	中学校道徳教材本に「川端」のある暮らし」掲載 滋賀県教育委員会「近江水の宝」に選定
2010	「高島市針江・霜降の水辺景観」、重要文化的景観に選定
2011	第４回淡海の川づくりフォーラム　グランプリ受賞
2012	第７回エコツーリズム優秀賞受賞
2014	第９回エコツーリズム大賞受賞（今森・嘉田　記念対談）
2015	「針江・霜降の水辺景観」、「琵琶湖とその水辺景観―祈りと暮らしの水遺産」日本遺産に認定

出典：生水の郷委員会提供の資料より抜粋して作成

ちも大いに関心をもち、針江を訪れるようになってきている。住民たちは自ら暮らしや自然を守り続けると同時に、来訪者とともにカバタや湖、里山を見つめ続けているのである。

 思いやりの水、安心の水、人びとのやさしさが感動を呼ぶ

人びととの多様な関わり合いの中で、地域住民の側が「改めて実感したこと」とは、どのようなものかを次にみてみる。

生水の郷の人びとと自然やその暮らしに関しては、来訪者たちへのアンケートでも多くの関心やメッセージが寄せられている。例えば、「日本の原風景が残る自然豊かな環境、素晴らしい。水路、船着き場、湧き水、梅花藻、カバタ、水も空気も食べ物もおいしい。美しい水。生活の知恵、水の恵みに尊厳を感じた。地元の方々の話や心に残るヨシ笛の演奏、童謡、歌など、懐かしいふるさとに戻ったような気がした」といったものである。特に「針江の人びとの心が美しい。あたたかく親切でとても感動。案内してくださる方々の人柄が伝わり、人や暮らしにも魅力を感じた。ここの人びとの努力や団結、

心の故郷だと感じた」などの声も多く示されていた。そして、「見学時に出会った小学生たちでもきちんと挨拶ができていた。水遊びを楽しんでいる子どもたちをみて、ここの環境も素晴らしい」などの声も多かった。

こうした外部からの評価を耳にして、「自然や暮らしを守り続けてよかった」と改めて実感することが多かったという。例えば、異なる世代の水に対するとらえ方の違いについては、「家に遊びに来てくれる孫たちからは、湧き水に魚を飼っているとか、おじいちゃんおばあちゃんが湧き水のお風呂に入っとると友達に自慢したと。それを聞いて、お～そうかとうれしくなる」という。また、「魚つかみや水で遊ぶ子どもたちと年寄りとの会話が増え、まちも人も明るくなった」という地域住民の声も増えてきた。そして、カバタの使い方についての案内の際に、「カバタをみて感動する人もいる。そんな姿をみて、ここに住んでよかったと改めて気づいた」こともある。その中で、16年前から生水の郷の活動に携わった80代の女性の住民たちからは、「交流の場として明生会館でアユの天ぷらを揚げたり、ハーモニカを吹いたりして、いろいろと懐かしかった。自分の住んでいるところの良さを感じ取ってくれてうれしかった」と振り返る。そして、「お客さまとの対話の中で今まで味わったことのない喜びとやりがいを感じた。自分自身も学ばせてもらえて感謝」という想いもあった。さらに、80代の女性たちは、「自分たちの暮らしを誇りに思い、湧き水での生活を大切にし、次の若い世代に受け継いでいけるように私も日々頑張っとる」と語った。

このような「改めて実感した」ことは、地域の人びとの間で日常的な話題にもなっている。

ここ数年、海外のテレビ局などの取材も増えてきているが、その中で「水がきれい、カバタに水が湧き、魚が泳ぐなどの自然や暮らしも、循環の思想もすべてが珍しい」という感想もあった。それに対して、地域住民の側は「生水は私たちの宝。きれいな水のままでまた琵琶湖や自然へ返さなくてはならない。人間の営みも水の循環も、それを壊してはならん。それが当たり前。珍しいものではない」と応じている。

一方、多様な来訪者と関わり合い中で、その一部の行動に違和感をもったこともある。例えば、とある国内のテレビ局が「番組撮影のため、カメラマンがカバタの中にある物を並び替えたり、外から籠を持ってきてカバタにおいて撮影したり、さらにそのまま放置したりする」ことがあった。また、冬に取材者が外で魚を買って持ってきて、ここで炊いて食べると要求されることがあった。それに対して、「それは冬のものではなく、間違っている」と示したこともある。これらの事柄に対しては、「取材者は選ばないと駄目だと実感した」という。

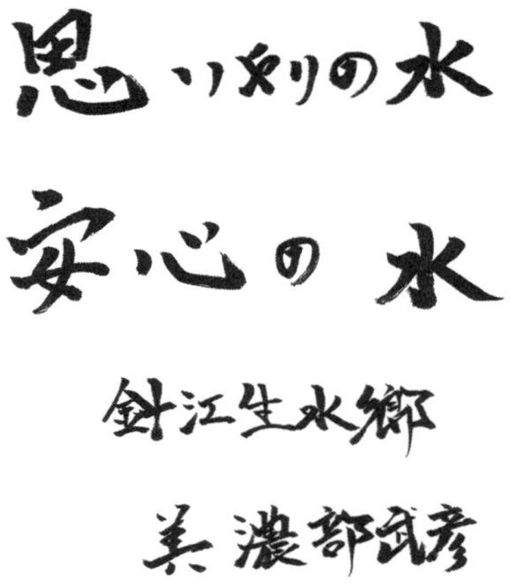

写真16　住民の思い（美濃部武彦筆）

こうした来訪者と接することで、不快な思いをする場面がないわけでなかったが、出会いの多くは居住者にとって、地域のよさを「改めて気づく機会」となった。そこには、水との関わり方や伝統的生活文化を守っていくという住民たちの強い意識の存在があったからである。

その背景には、カバタ見学にしても大川から湖辺までの見学コースにしても、「カバタの水は、水路や大川を経て琵琶湖へ流れ込むという水の流れに沿った暮らしがある」からである。これは「みんながここら辺でよく遊んだ」という、共通経験にまでさかのぼることができる。それに合わせて、「カバタから流れ出る湧き水が水路に流れていき、３軒ほど１本の水路でつながっている」ことや、「水をきれいにするのも当たり前。それは特別なものではない」と語られている。このことからは、「人と水、人と人」の関係を含めて、水でつなぐ生活文化を守り抜くという、一貫した人びとの姿勢であったことがうかがえる。この姿勢を美濃部武彦は、「思いやりの水、安心の水」と表現している。

活動の当初でも、大川を出発し湖辺へ向かって、「行きは昔話などいろんな話をしていた。メンバーの一人が昔からハーモニカや歌も上手な人がいて、皆が歌ったり踊ったりしながら琵琶湖から帰ってきた。皆が喜んでいた」という。これは、一見して何げない光景のように見えるかもしれない。

しかし、現代社会における忙しい生活の中でこの何げない楽しさは、いつの間にか目にすることが少なくなってきているのではないであろうか。その大切な意味を地域コミュニティが教えてくれたようにも思える。

5　私有空間は社会的に共有され、総有空間に成長

地域づくりを考える際に、リスクをどう回避できるかは常に課題となっている。この課題は、私的空間を含む地域資源に対する地域コミュニティの働きかけの仕方や関わり方に左右される場合もあると考えられてきた。地域資源の中には、カバタは本来、個々の家の私有財産であり、いわゆる私有空間である。湧き水や川、内湖といった共有資源と私的資源を含めて地域資源として活用する場合、個人と地域コミュニティの間に軋轢（あつれき）が生じる可能性もある。

これを防ぐために、主体である地域コミュニティの活動からは、二つの働きかけを読み取ることができるであろう。一つは「日頃からの相談やお願い」という働きかけである。もう一つは、「環境や暮らしを守る」という総意に基づく働きかけである。

これらの働きかけに合わせて、地域コミュニティ構成員は来訪者に同行するという条件を付随させている。これにより、私有空間を「半開放」的な資源にしながら、地域活動を継続させることが可能となったのである。この条件とは、個々の家々と地域コミュニティとの信頼に基づき成り立つものであるともいえる。

これによって、地域資源を生かしながら、暮らしを守るといった姿勢のもと、活動が展開されてきている。

私有空間をめぐる変化のそのプロセスをみてみると、次の三つの段階を経ている。まず、地域コミュニティにその構成員が同行するという「条件つき

でいつでも見てよい」ということで、私有空間の「半開放」的段階を容認される。そして、特定の地域コミュニティ構成員から直接や間接的な働きかけを続けることで、「うちのカバタも、いつでもみていい」へ、より複数の私有空間が参入することになってくる。そうすると、私有空間が「半・共有空間」としてさらに拡大されていく仕組みになっている。ただ、私有空間は、案内されるまでは、本来の私有空間のままであり、個々の家がこれまでと同じく利用や管理の主体であり、私有権の要素が強いという特徴がある。それは、「きれいに使うのが当たり前」という、個々の「生活意識」が定着されていることが一因であろう。そして、地域コミュニティに案内されることを介して、初めて「みんなのもの」という総有空間として位置づけられていくのである。

私有空間をめぐる変化のそのプロセルをみていくと、「私有→共有→総有へ」という段階を経て、時にはその所有観は相互に絡み合うものとして存在する。ここでいう総有とは、個々の私有空間を地域の共有財産として、後世に残すという願望（「生活意識」）が地域内外に向けて、より広く共有されるという生活観でもある。そして所有することよりも利用を重視する人と自然の関係性でもある（嘉田，2000）。これは、地域文化が時代の変化で色あせるというリスクを回避するため、生み出された仕組みでもあるともいえる。

6　地域コミュニティの力は、自然を介した人と人の共感により育てられる

人と水の関係を考えるうえで、なぜ人と人の社会関係の束としての地域コミュニティをみる必要があったのだろうか。

地域課題の解決やリスク回避のあり方は、人と地域コミュニティの関係の中で決まってくる場合もあろう。地域コミュニティの働きかけの仕方には、その都度その都度に「相談やお願い」を経て、その後は個々の家々からの回答を待つこともあった。つまり、そこでは地域住民の「生活と生存の実在から学び、住民自身による主体的な判断力に待つという姿勢」（嘉田，1998：120）としてとらえることができるのである。言い換えれば、人と地域コミュニティ

の関係の中で、関わりの濃淡やその距離によって判断されるケースもある。

人と自然との関係性について、藤村美穂は、「働きかけの程度によって人との距離を変える存在なのである。人びとは、自分の働きかけが強いところを近いと感じ、それが弱いところを遠いと感じており、この感覚が「私」有度の濃淡に連動しているのである」（藤村，1993）と指摘した。また、「働きかけという行為は、自分とその空間の関係を他人に認知させる機能を担っている」（藤村；1993）とし、「物理的働きかけであると同時に、周囲の人びとに対する社会的な働きかけ」であると指摘した。つまり、働きかけには、物理的と社会的働きかけという二つの側面があるととらえられている。

一方、働きかけという行為自体は、自然に対する働きかけと人間に対する働きかけは、同時に存在するものであり、それらを含めて働きかけの社会的側面があると考えられる。

ここでみた地域コミュニティによる働きかけは、単に私有空間や暮らしを案内するための容認を得る手続きではなく、何より「みんなで地域を守る」という生活意識の表れでもある。この取り組みにおいては、特に初期段階に人びとが地域課題の解決に向けて取り組む決断を選択したことの意義が大きいと考えられる。そして、地域外の人びとを受け入れる際の、その心構えや姿勢というものは、より多くの共感を呼んでいる。この場合の共感は、自然を介した人と地域コミュニティ、人と地域の関係によって形成されるものであり、地域コミュニティへの信頼や安心を前提としたものである。この社会関係の営みは、地域内外の共感を得ることで成り立つ仕組みである。このような地域コミュニティは、地域活動をより望ましい方向へまとめていく地域の力にもなっている。そして、暮らしの場での地域活動は農業や漁業という生業の上に成り立っている。次にそれをみていきたい。

第 II 部

水 と 生 業

――水陸移行帯における多重性

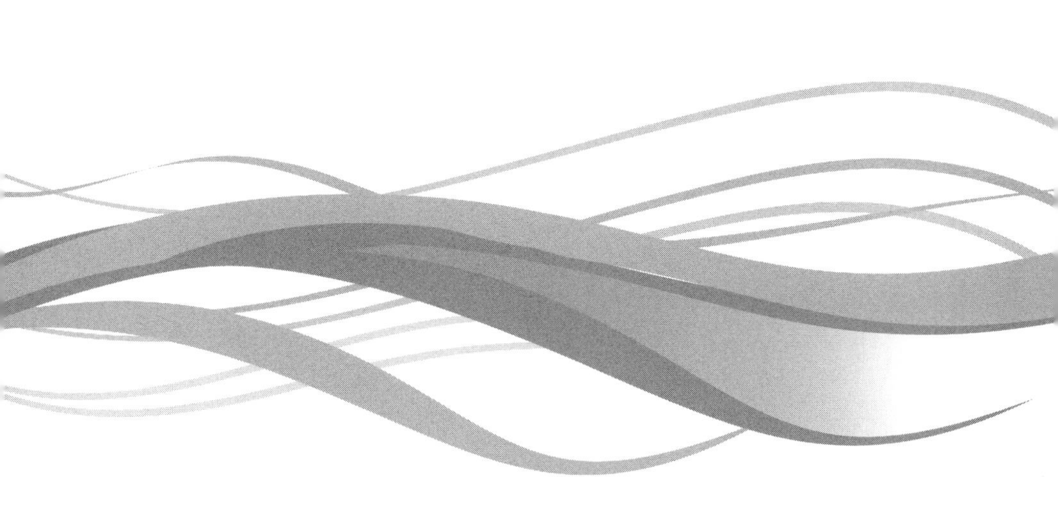

第1章

コモンズ環境としての水辺

漁撈活動をめぐる水辺の重層性

琵琶湖の湖辺は、水位そのものの上昇下降で、陸地になったり水中になったりする、いわゆる水陸移行地帯である。琵琶湖総合開発事業が始まるまでの湖辺については、「湖辺にはシルタ（湿田）が多く、ヨシが生える中島や針江ハマの他、広かったり狭かったり、クネクネしてツボのように突き出るようなガマ（内湖）もあった」と、針江の地域住民は表現している。このように、著しく不規則な土地は、生態学でエコトーンと言われる水陸移行帯である。エコトーンはもともと、陸域と水域、森林と草原など、異なる環境が連続的に推移して接している場所であり、生物多様性が高いことで知られている。

そこでは、水域と陸域の利用方法や所有形態、またそこから捕獲される魚類や林産物などの帰属があいまいになりがちである。「自然は誰のものか」という本質的課題がつきまとう。それゆえ、環境社会学や農業経済学などの分野では「共有資源の問題」、あるいは「コモンズ研究」として蓄積がなされてきた（嘉田，2019）。

では、このようなエコトーン的な湖辺環境では、人びとはどのようなリスクを抱え、どのような工夫をしながら漁業や農業の営みを継続させ、暮らしを成り立たせてきたのであろうか。

これまでのコモンズ研究では、どういった条件下で共有資源の利用や管理ができるかを社会構造の中で考える一連の知見が蓄積されてきた（宮内，2006；藤村，2002；金城，2009など）。例えば、働きかける主体間の関係性に注目した研究では、次のような指摘もある。金城達也は、集落単位でしっかりと自然資源や共同利用空間が管理されてきた事例をとりあげ、その背景には、資源の利用主体と管理主体が一体化していることがあったことを分析した（金城, 2009)。つまり、コモンズを利用する主体を村落単位としながら、その規範意識や規則、規制が自然資源の適切な維持・利用・管理に役立っていることを指摘した。

ここでくりひろげる針江におけるコモンズ利用は、利用主体と管理主体の間に、正当性や厳しい規則やルールは明示的には存在しない、いわば言語化されにくく、生活世界の中のルールとしても自覚化されにくいものである。いわば経験を共有することで成り立つ「包容と余裕」をもった関わりが母体となっている慣習ともいえる。それをここでは「自覚化されにくい経験的共同体」と名づけ、「関係性の束」と考えていきたい。しかもこのような「包容と余裕」をもった関係性の束を母体としたコモンズは、季節ごとに、また気象の変化によってもたらされる琵琶湖の水位変動、それにより生じる陸域と水域のあいまいな境界のありように適応させて生まれ維持されてきた慣行といえる。そこで稲を育てたり魚が産卵して育ったりする、という水陸両用の融通無碍な空間のあり方に適応してきた社会的あり方ではないか、と筆者らは仮説を立てるにいたった。いわば、人間の側からみると、水陸両用の融通無碍の空間を、「飼いならしてきた」ともいえるだろう。

言いかえるなら、ここで扱う「水と生業」が展開される場は、必ずしも利用主体と管理主体間で、厳しい規制やルールを決めておくことで維持される空間ではない。水陸が相互転換する中で、同じ空間が時には陸となり、時には水域となり、両者が重層化している中で、魚や生き物の帰属自身が生態系の複雑性にあわせて合理的に配分される「重層的所有観」（嘉田, 2000）とでもいえるものである。近代法では「一物一権主義」とされるように、特定の空間には特定の権利が想定される。しかし、同一空間が水と陸とで変換し、ある時は土、ある時は水となり、稲の育つ水田に魚が泳ぐ。ヨシが育つヨシ原に魚が産卵する。ここでは空間的に同じ場所であっても、動植物のライフサイクルにあわせて、人間の側がその利用原則を変えていく。ここでは「所有」よりも「利用」を重視する仕組みがみえてくる。利用を成り立たせる原則は２点ある。一つは「具体的な働きかけ」であり、もう一つは「生活の中での資源的価値」である。これを嘉田由紀子は、日本の村落社会に伝統的に継承されてきた「総有的領域管理」と名づけている。そして生態系にあわせた重層的所有観に根ざした総有的領域管理は、「共同体として生き抜くための」選択肢であったかもしれないが、これがこれからの時代においても人類としての未来の資源利用を示唆する新しい選択肢ではないか、と問題提起をしている（嘉田，1997；2001；2019）。

水辺では、かつて水位変動によって水陸が融通無碍に転換していた時代の環境が、琵琶湖総合開発事業という大規模開発により、水陸が分断された。シルタが乾田化され、米の単一生産地となり魚の姿が消えて、そこには、昔の姿とはまったく異なる風景が展開している。

このような変貌後にあっても、地域住民はある種の「包容と余裕」をもって、今後の課題に取り組もうとしている。それが、米をつくる水田にドジョウやコイやフナなどの生き物を取り戻そうとする「生き物田んぼ」や、滋賀県が県政として前向きに奨励し、2019年に日本農業遺産、2022年に世界農業遺産に認定された「魚のゆりかご水田」であろう（https://www.pref.shiga.lg.jp/ippan/shigotosangyou/nougyou/nousonshinkou/18537.html）。

また針江では、若者たちが「針江のんきぃふぁーむ」を立ち上げ、生き物の命を活かし、人の命の安全性につながる有機農業への挑戦につなげている。田んぼへの魚道設置を行い、魚の移動を人工的にサポートするなど、エコトーンの機能を回復する営みが展開されている。

ここで問い直したいのは、コモンズにおける、人と自然との関わり合いの社会的機能をいかに果たすことができるのか、ということである。特に注目したのは、環境の利用主体と管理主体とをはっきり統一させず、あえて誰でもかかわれるようにしている、ある意味で開放的ともいえる仕組みの存在である。そのことによって、斎藤幸平が言うように、持続可能な資源利用と社会的公平性の実現を可能としているともいえる（斎藤，2019）。

ここではまず、琵琶湖総合開発事業前の、水陸がまじりあった環境での

「水と生業」の姿をみてみたい。

水域と陸域をめぐる研究は次のような蓄積がある。水のある空間を水界としてとらえ、その水界を人びとの生活と自然との結びつきの点から、湖と対比される「内陸水、湖岸、湖の３つの空間に分類し、それぞれの空間において大正期から昭和50年代にかけ農民や漁民がどのような漁労を行ってきたか」が分析されている（大槻，1984）。この研究蓄積を受け、針江においても、典型的な水界をめぐる農漁撈のありようが表れている。

コモンズ環境の保全を考える際には、利用主体と管理主体を統一化することが重要であり、保全は村落内での厳しい規則や規制などによって成り立つものとされてきた。その中で、農業空間の漁撈活動については、稲作には社会的規制や制限があらわれるが、漁撈に対してはほとんどないことを指摘し、それらは活動の自由をムラが制度的に保証していたとも考えられるという（菅，1990）。

一方、実際の生業においては、村落共同体の制度的保証によらず、漁撈活動における利用主体の自由や選択によって漁業を取り巻くコモンズ環境が保証されることもある。そこには制度的保証もなく規則というレールを敷かなくても、利用主体と管理主体が分離した場合でも、資源の枯渇も防ぎコモンズ環境の保全と結びつくものが存在する。こうした例は、針江における漁業においてもみられる。

ここでは、内湖における不安定なコモンズ環境における漁撈をめぐる人びとの共通経験、とりわけ漁撈活動をめぐる魚資源の保全が隠されたエリという定置漁具による漁法や、生業活動に込められた遊び感覚などの多様な意味世界について掘り下げてみたい。

2　「エリ」にみる自然へのこだわり

針江では「漁と農」が複合的に生業として成り立っている、いわば「半農半漁」の仕組みが長い間の生態適応として成立してきた。その中でも、漁撈

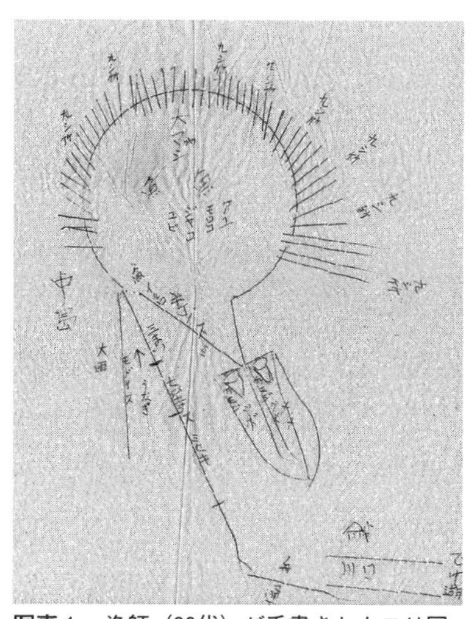
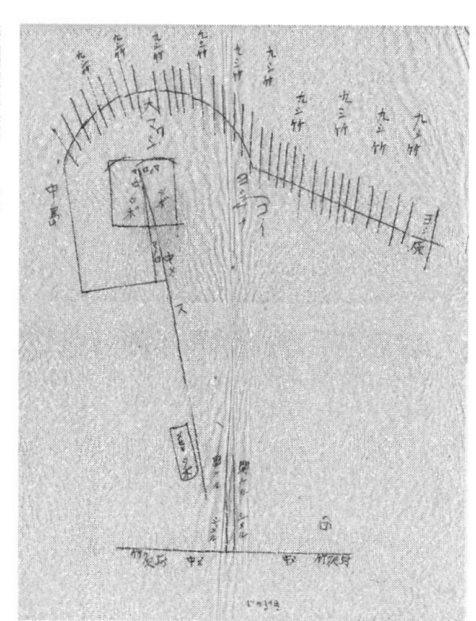

写真１　漁師（90代）が手書きしたエリ図

活動による環境利用の集約度が高いのは、内湖や湖辺である。漁業に関する漁具設置状況は針江地区所有の古文書『漁業全図及書類』にも記されている。

圃場整備実施以前に湖辺や内湖などで行われていた漁法は、主にエリ、タツベ、モンドリ、ウナギ竹筒などである。漁師たちにとって最もメジャーな伝統漁法はエリとされている。「エリ」とは、水中に杭を打ち並べ、網を張り、「ツボ」と呼ばれる仕掛けに追い込む魚の習性を利用した定置漁法である。エリを仕掛ける場所のうち、最も人気が高かったのは内湖である。内湖である中島は、針江大川が琵琶湖に流れ出る手前の河口あたりに位置する。かつてその真ん中に杭を打って境界線をつくり、針江と隣の集落と共同で利用していた時期もあった。内湖にエリを設置する権利は、「琵琶湖のエリより高い入札価格でも獲得したい」といわれたほど、エリ漁師にとっても有利で最も好まれる場所であった。

漁撈活動については、琵琶湖総合開発事業の頃まで漁撈活動をしていた1921年生まれ、1928年生まれの90代の漁師や、現在80代、70代の漁師に、親や先代から教わった魚捕りの経験者を中心にお話をうかがった。

「よ〜く、来てくれた」と玄関で声をかけられ、見せていただいた資料の一つは、柔らかい紙にまっすぐな線と曲線が結ばれ、細かな文字で漁具の部位の名称と捕れる魚種が書き込まれた手書きのエリの図だった。この図をどのような思いでお書きになったのだろうかという問いも含めて、調査初日から私（楊）は言いようのない感動を味わっていた。

内湖では、昔は水が透き通っていて、エリの中でも魚が泳いでいる姿がはっきり見えた。ヤスでコイやフナを刺して獲ることもあった。内湖はヨシ刈りや農作業などのため、舟で出入りをしたり、エリを仕掛けたり、農業や漁業と人と結ぶ大切な場所である。

漁師の間では、土地形態や魚のサイズなどに合わせてエリの構造を使い分けていた。湖や湖辺に設置するエリは「湖エリ」と呼ばれ、河口や内湖周辺に設置するエリは「川口エリ」あるいは「川エリ」と呼ばれている。

漁師たちは内湖の岸辺で曲がっているところにエリを設置し、魚がコンコンと障害物にあたると驚く習性を利用して、その周辺のヨシを刈り取りして、魚の通る道をつくる。

内湖のエリは、「チューメ」と「メセキ」がある。「チューメ」は、コイやフナなど大きな魚を捕るための目の粗いもので、「メセキ」は、コアユやモロコなど比較的小さな魚を捕る目の細かいものである。内湖のエリの特徴は、「チューメ」と「メセキ」の二つを組み合わせた様態にある。

特に、梅雨時の大雨によって遡上してくる魚の群れがある程度エリの中に入ったら、エリの入口の開け閉めにより、入る魚の量をコントロールする。「チューメ」と「メセキ」のエリの中でも、魚の集まる場所によく注意を払うという。当時、エリ近くの陸地に6畳くらいの面積の小屋が建てられており、そこで「ヨシや魚の入り具合を見張っていた」という。ヨシがぶらぶら揺れる具合を見計らって魚がどのくらい「チューメ」や「メセキ」のエリに入ったかを判断したのだそうだ。そして、陸地からエリの中やそれぞれの部分に大きい魚や小さい魚が入りすぎないように見張ることもあった。梅雨の時期には数日間ずっと小屋で見張ることもあり、捕れたての魚を味噌汁にして小屋の中で食べることもあった。

内湖のエリの特徴は、魚の習性や水やヨシの状況に合わせて作られたものだという。「琵琶湖の魚が川の水や田んぼの水を飲むと、植物をみつけて産卵しにくる」と伝えられている。特に4月から6月にかけて、田植え前から田植え直後の田んぼに水が溜まる時期には、魚が湖辺や内湖、川や水路、田んぼまで上がってくる。水の溜まり具合に加えて、水温がある程度まで上昇することで魚たちが水陸地帯に産卵のため遡上してくるのである。

琵琶湖から上がってくる魚がうまく入る部分は、「ス」とも呼ばれる。「ス」は水面に出るか、出ないかくらいの高さに設置する。そうすると、舟が通っても「ス」の上の部分は水面ぎりぎりの高さになり、ちょうど良いとされている。このようなエリの作り方は、漁師ならではの知恵であると伝えられている。農閑期の冬は水位が低く、舟の上での作業はできないので、水の中に入って、魚が集まる場所である「ス」を作ったり修理したり、モンドリを作ったりしていた。

複合的な生業を営んでいた、現在80代の漁撈経験者は次のように振り返っている。自分が中学生の頃まで父親について魚捕りをしていた。湖エリの漁師にとって「漁期にあたる4月～6月頃は、最も大切な時期」であった。それに対して、川口エリの漁師は年中魚を捕れるという違いがあったという。湖エリに比べると、年中魚を捕れる川口エリのほうが良いとされていた。エリ漁師は「エリの建て方や設置方向など、必死にエリの技術を磨いたり、漁師仲間や親の代から教わったりしていた」という。

内湖のエリは年中続けられ、大事に伝承されてきた伝統漁法として知られている。これにたずさわる漁師たちは、漁業資源に対して特徴的なこだわりを持っている。それは、年中魚を捕れるものであっても、「決して捕りすぎはならん。あくまでも必要に応じて刈り取りする、設置する、水あげをする」と漁師は語る。また、エリで捕れた魚は春夏秋冬の季節ごとに必要な分だけ水揚げするのも鉄則だという。さらに、「エリは中島の一部。他より魚は多めに入ってくるが、あくまでも必要に応じて魚を水揚げにするのが当たり前」で、「中島はみんなのもので大事にしないとだめ」と漁師たちの間に伝承されている。

このように漁業と人との関わりを特徴づけるのは、「必要に応じて魚を捕る」という漁師独自の水産資源や自然への姿勢である。そこには生業を長期的に成り立たせる「節度」が働いていたといえる。

写真５に示した琵琶湖博物館の資料として登録されている筌（地方名ドジョウモジ〈泥鰌筌〉）は、割竹を棕櫚縄で編んだもので、大正～昭和初期に製作され、昭和20年代まで使用された。筌の使い方は、春なら水田の給排水路に口を川下に向けて仕掛け、産卵に遡上するドジョウを捕る、夏なら水田の落水口に仕掛け、子ドジョウを捕るというものである。

写真６の網筌（地方名アミモジ）は、真竹で作った３本の竹輪に、蛙又編みで編んだ化繊の網を通す。春にヨシ原でフナやコイを捕る。

写真７の伏籠（地方名フセカゴ）は、1998年に針江で収集したもの。割れ目を入れた淡竹をナイロン紐で編んだもので、ヨシ原などでコイやフナを捕る。

3　水中選別をめぐる資源配慮型技法

前節では、エリをめぐる漁師たちの「節度」について述べた。このような生業のみならず、副業やマイナー・サブシステンスにおいても、人びとの資源への強いこだわりが広く継承されたことが明らかとなっている。それは、どのような環境にどういう魚が、どのようにやってくるかによって、魚の捕り方や周辺資源の整理の仕方などが異なることから蓄積されてきたものである。ここではエリ漁法以外の、魚の捕り方をめぐる資源へのこだわりについて追ってみる。魚の集まってくる場所と環境を軸に分けてみると、①湖辺にやってくる魚の捕り方、②内湖での魚の捕り方に分けられる。その詳細な内容は、豊富な漁撈経験をもつ住民たちの語りを用いて、以下で明らかにしていく。

まず、湖辺にやって来る魚の捕り方についてである。

「決して琵琶湖から上がってきた魚を捕るのではなく、ヨシ原で遊んで産卵した後、琵琶湖へ帰ろうとした魚を捕る」という。琵琶湖から湖辺まで上がってくる魚は産卵の場所を探しながら泳ぎ回る。魚が上がって来るときは、ざわざわしてヨシにコンコンと当たって産卵するが、帰りのときにはそんな

写真2　漁師手づくりの漁具

写真3　漁師手づくりのヨシズ

写真4　北野喜久次の漁具づくり
（写真提供：北野喜久次）

写真5　針江の漁具　筌
（所蔵：滋賀県立琵琶湖博物館）

写真6　針江の漁具　網筌
（所蔵：滋賀県立琵琶湖博物館）

写真7　針江の漁具　伏籠
（所蔵：滋賀県立琵琶湖博物館）

ことはしない。特に産卵した後の魚は、通常、警戒心がなく遊びながら琵琶湖へ戻っていく。この魚の習性を利用して、その上がってくる道と帰りの道をつくっておく。この帰りの魚を捕る。その方法は、図１のように魚の帰り道を狙って、その道筋にモンドリの口を陸に向けて、手前のヨシを数本刈り取って設置するものであった。

また、漁撈経験をもつ住民たちは、魚そのものへのこだわりのみならず、ヨシ原の中の環境にもこだわりをもっていた。ヨシの生え具合がちょうどよく、ヨシ原の中のちょうどよい場所を選んでモンドリを設置するのが通常である。自然のままのちょうどよい場所が見つからない場合は、モンドリの近くの数本のヨシを刈り取ったり、漁具の上にヨシを置いたり、魚の通る道を空けたりする。魚の通る道については、例えば、ヨシの密度が高すぎると、魚は泳ぎにくいため、ヨシの密度を調整したり、モンドリとモンドリの間に間隔をあけたりした。ヨシ原の中に20個から30個ものモンドリを、それぞれ約５ｍの間隔をあけ設置したり、日によって設置場所を変えたりしていた。

琵琶湖から上がってくる魚はなるべく捕獲しないというところに、漁撈経験者たちの魚を産む母魚という資源循環のみならず、ヨシなどの周辺環境へのこだわりがあった。資源の自然的循環の側面から考えると、産卵後の魚を捕獲することでより次の世代に資源を残せるからである。そのような資源保全の感覚より前に、「仔魚（しぎょ）を保護することやその権利を尊重する」という生き物への配慮が働いているのではないだろうか。このように漁撈経験者の世界では、魚をめぐる周辺の自然に対するヨシの刈り取りや漁具の設置の仕方という「技術的力」と、自然の恵みの一部を享受し、その別の一部を残すという「意図的力」が同時に駆使されているといえよう。

次は内湖での魚の捕り方についてである。

内湖では、漁師たちの長年の経験で、漁具の設置場所や水深、周辺の植物などの状況を見て仕掛ける場所を決め、魚を誘導するための通り道つくりや漁具の設置場所周辺に生えている植物の整理などを行う。

ガマ（内湖）には、水深の高いところと低いところがある。その周辺の田んぼの上からみると、「藪のようなやや深いところと、水深が30㎝ほどのやや浅

図１　産卵前の魚と、産卵後の魚を水中で選別する仕組み

いところ」というような土地形態である。深いところでも、水がきれいでヤスで刺して魚を捕っていた。ガマ（植物）やヒシなどの植物が生えるやや浅く水の流れがないところでは、モンドリを仕掛けてコイやフナを捕っていた。20個ほどのモンドリを前の晩に仕掛けておいて次の朝に引き上げる。

雨が降った時には、水はモンドリの上まできて、琵琶湖から多くの魚が内湖まで上がってくる。また田んぼ作業のあと、10月の末から11月頃までビワマスも多く上がってくる。「これらの時期に上がってくる魚は日が暮れると産卵していて、そのあとを狙って捕る」という。

当時、魚を捕るアミモジを100個ほどもつ漁師もいた。アミモジを使った漁は、通常、水深の50㎝ほどの高さに、上部が水面からぎりぎりの高さになるよう設置する。その設置場所は、葉っぱの切れ端を水に落とし、渦になって回っているところを選ぶ。最も注意を払ったことは、「魚は浮き草に産卵するから、そのような場所を避ける」ことであった。

普段でも先輩漁師や漁師仲間、おかずとりの漁撈経験者の間でも、日頃から魚の取り方や漁具づくりなどについても話をしていた。

「とある日、モンドリを３か所くらいに分けてやってみた。このあたりの深さでやってみたら、８匹から10匹くらいが入ってきた。それを舟に引き上げる時、重かった。魚がよくここまで入ってくるなと思っていた。何でこんないっぱい入ってくるのかを先輩漁師に聞いたら、メスの魚が逃げるときに、オスが７、８匹ほど追いかけてくる。その時にオスが捕れる。このあたりの深さに仕掛けておくといいと。川の水に向かって魚がよく上がってくるので、２時間おきにモンドリを引き上げることもあった。この漁師は、エリの名人だ。エリの入口をちょっと変えるだけでも、魚がものすごく入ってくる。先輩漁師たちは、風の向き、水の流れ、深さなど周りの状況をよく知っている名人だ」

また、内湖の中に藻の少ない場所で高さが20㎝のところに、20～30個のモンドリを水の道筋や入口あたりに仕掛けておくこともある。この場合、モンドリを１列に並べて設置したり、魚が通る道筋をあけたり、向きを変えたりしていた。モンドリの周りを少し掃除して、その入口の近くのヨシを刈り取り、モンドリの上を隠して産卵が終わった魚を誘導する。そうして、「暗くなると、魚が琵琶湖に戻る習性があり」、それを利用してモンドリを岸に向けて設置する。その理由は、「魚は琵琶湖から岸に上がってくるときは用心して泳いでくるのだが、帰りにはその用心が解けるので、何もないところにモンドリを設置するとスッと入ってくる」からである。小さいモンドリでも、「何でこんなに入ってくるのかと、びっくりするほど、魚がいっぱいに入ってくる」という。一つのモンドリには、大体数匹入り、ちょうどニゴロブナでフナずしにする約25㎝の大きさだった時もある。「魚がたくさん入ると魚同士がぶつかり、体を傷つけるので、たくさん入らせないようにしていた」と仲間たちの間でよく語っていた。

人びとはこうした漁撈経験を活かしながら、場所や資源の特性に合わせて、魚の捕り方や漁具の設置の仕方などを技法として磨いてきたのである。

モンドリやアミモジの他に、ドジョウモジ、ドジョウカキ、ドウビン、シジミカキなどが使われていた。ドジョウモジは農閑期や冬に作り、割竹をシュロ縄で編んだものである。田植え前、溝に仕掛けて川から遡上したドジョウを捕る。また、土用の頃に抱卵したドジョウが降下するのを、田の落水場所で受ける。この漁具は昭和初期～昭和30年（1955）代にかけて針江で使われていた。しかし、昭和30年代以降の圃場整備、農薬散布、化学肥料の多用などによりドジョウが激減して、ドジョウモジは使われなくなったという。

写真８のドンジョケ（笊）と呼ばれる漁具も針江で使われていた。これは、割竹の皮と身を交互に外側にして笊目に編み、丸竹の把手をつけるものである。子どもでも、これを使って田の水路でドジョウを捕っていた。この写真で見られるものは、昭和10年（1935）代頃に使用していた。捕れた魚をヨツデ（四つ手桶）で運んで売りに行ったこともある。

写真９の長笊（地方名ドジョウカキ）は、昭和30年代に使用したもので、水路でドジョウを捕るものである。淡竹を笊目に編み、木の取っ手をつける。口縁部は野田口で仕上げる。

写真10の魚籠（地方名ドウビン〈胴瓶〉）は、笊編み、口縁は巻き口仕上げる。蓋付きで捕った魚を入れ、水に浸けて生かしておく。

写真11の籠（地方名ドウビン〈竹籠〉）は、割竹を笊編み。口縁は巻き口仕上げ。屋内の湧水池へ浸け、ウナギ、ドジョウを活けておく。昭和40年代まで使用した。

写真12の貝曳き馬鍬（地方名シジミカキ）は、船の両舷から１対のシジミカキを湖底に下ろし、舳先におろした錨綱を滑車に巻くことで、船もろともシジミカキを前進させる。

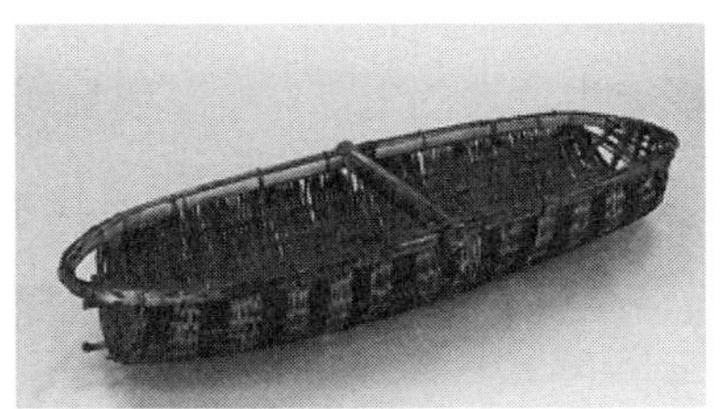

写真８・９　針江の漁具　長笊
（所蔵：滋賀県立琵琶湖博物館）

写真10　針江の漁具　魚籠
（所蔵：滋賀県立琵琶湖博物館）

写真11　針江の漁具　籠
（所蔵：滋賀県立琵琶湖博物館）

写真12　針江の漁具　貝曳き馬鍬
（所蔵：滋賀県立琵琶湖博物館）

写真13の四つ手桶（地方名ヨッデ）は、四方に手の付く楕円形の桶に、竹の箍を５本はめる。蓋付き。活魚を入れて近郷へ売り歩くため使用された。

写真13　針江の漁具　四つ手桶
（所蔵：滋賀県立琵琶湖博物館）

4　遊びと楽しみがともなう漁撈経験

内湖は伝統漁法の生業地であるだけでなく、生活の場でもある。そこは、田舟で行き交う農業者や入札でエリの漁業権を獲得した漁業者によって支えられている。一方、生業のみならず、そこで魚つかみや水遊びもできるなど、大人や子どもにとっても、最も賑やかで関わりの深い空間でもある。

当時の様子について、60代、70代の住民たちに話をうかがうと、「ヨシ原で、網で小魚やエビを捕ったり、いくつかの竹筒でウナギを捕まえたり、ヤスで魚を刺したりするなど、よく魚とりをしていた」のである。特に、夏に小学生から中・高生まで皆こぞって舟に乗り、大川を経て琵琶湖に出るまでのこの河口にある中島で、魚つかみ、エビ捕り、野イチゴを摘んで食べたりするなど、日が暮れるまでいろんなことをして遊んだ。みんなで遊びに行く時、舟がうまく前へ進めるように舟の前に紐をつけ、仲間の数人で舟を引っ張りながら、他の人は舟の上で竹を使って舵をとる。幼稚園の子どもたちも小中学生も、みんながいっしょになって、竹で竿を立て、舟を漕いで大川を経て琵琶湖に出かけていた。琵琶湖に出る手前にある中島で遊んでから再び琵琶湖で遊ぶ。中島でもゴリ、アユなど魚捕りでいっぱい遊んでいた。捕れたものを家に持ち帰っておかずにしたり、近隣の知り合いに持って行ったりしていた。

漁撈従事者や水遊び仲間、魚とり（おかずとり）の住民たちからもさらにユニークな経験が明らかとなった。

「小学校２年から中学２年くらいまでは、父親は漁師をしていた。当時、水がとてもきれいで、魚の頭やしっぽも見えて魚とりがおもしろかった。その頃、一番の楽しみは、舟に乗って琵琶湖に出てヤスで魚を獲ることだった。夜は魚がじっとしているからランプをつけ暗くなるまでヨシ原の中で魚とりをしていた。ヤスで魚を刺して獲ることができるのは、およそ５月末までで、ヨシはまだ若くその高さがまだ水面からせいぜい１ｍまでなので、この時期にしかできない」という。

「ガマや中島、湖辺にヨシがいっぱい生えるところに魚がいっぱいいる。ヨシのないところや、ヨシの生えるヨシ原の中でも、浅すぎて狭いところだと、魚があまりいない。冬の時期は、中島から岸あたりまで、大きなピカピカのシジミがたくさん採れる。シジミかきは、朝から夜の７時まで、シジミが重く船が沈むほどよく採れた」。

ガマ（内湖）については、「池や沼地、プールのような形、水深が１ｍ前後くらい、入口が狭い、突き出るようなところ」である。そこではヒシがいっぱい生えていて、実を採ってよく食べた。大きなダブ貝、カラス貝、ナマズやゴリなどを捕っていた。竹の先に紐をつけ、タナゴを餌にして、ナマズを釣っていた。ここは「琵琶湖からの帰りに魚つかみや貝採りをしたり、泳いだりするなどよく遊んでいた」、皆の遊び場でもあった。

仲間の中には、漁師ではない人でも魚とりが上手な人もいる。例えば、「ヨシタカさんはとても上手で、陸から少し外れたところで、自分の代わりにモンドリをおき、私より魚がよく捕れた」という。

ウナギ捕りについては、「ウナギ捕りにも父親がよく連れていってくれた。小学校３年生頃まで父親が漁師をしていた」。当時、ウナギ捕り漁師の家は１軒だったが、ほとんどおかずとりだった。ウナギ捕りには、主に集落の中の川やインドコ、沼っぽい所、中島、ガマなどの場所であった。長さが約１m20㎝、２本３本の竹をくくってウナギ筒をつくる。竹は新しいものだとウナギが警戒するので、古くなるまで川や沼などに沈めておく。竹が汚れてくると、ウナギが安心して中に入っている。これを静かにゆっくりと引き上げる。

ウナギ筒の設置は、湖岸から少し離れ、水深が５ｍほどの場所が一番よいとされる。今は砂や砂利が少なくなったが、昔の湖辺は100m、200ｍまででも砂地で、水が透き通っていた。ウナギ筒の向きは、ウナギの隠れる習性と水の状況に合わせて仕掛けておく。筒の中に錘（おもり）を入れて湖底に仕掛ければ、エサなしでもウナギが捕れた。大きさが２ｍほどのウナギが捕れたこともある。

湖辺や内湖の他に集落の中でも、インドコ（現在、竹藪になっている）と呼ばれる所でシジミをエサにしてウナギを捕っていた。ここではたくさんのウナギは捕れないが、設置箇所や向きを変えながら、１週間に１回〜２回ほどウナギ筒を引き上げることもあったという。

このように、魚や貝などを捕るという日常的な活動は、楽しみや遊びなどの感覚で多くの人びとが経験してきたのである。

5　生業姿勢からみた人と自然の関わりの原点

上述した自然と関わり合う人びとの多様な経験からは、次のようにとらえることができる。

まず「エリ」漁師たちの「必要に応じる」という、自然資源への独特な姿勢についてである。それは、「エリも中島の一部でもある。魚はエリに多く入ってくるが、必要に応じて水揚げ量を調整したり、周辺資源の整理をしたりするのも当たり前のこと」であって、「中島はみんなのもので大事にしないといけない」という漁師たちならではの配慮に基づくものでもあった。

内湖は、入札によってエリの利用権を獲得する主体が漁師に限定されるものではあるが、実際には漁撈経験者だけではなく、多くの地域住民にとっても生活を営む場であった。そのため、内湖の中にあるエリ周辺のヨシ原においても、制度やルールや規則が設けられないまま、専業漁師や漁撈経験者（２世代複合生業を含む）、魚捕りやおかず捕りといった「水遊び」要素の強い住民などの不特定多数が利用すると同時に管理を担っていた。つまり、内湖は共通経験が積み重ねられて醸成された自由のあるコモンズ環境であった。

一方、住民の間には、「遊びの場としても使い、モンドリで魚もよく捕れたあそこは漁師たちのところだ」という共通認識も存在していた。ここには「一物一権」という近代法的な所有感覚とは異なる、多様な生き物の重層的な存在に合わせた「重層的所有観」および「利用観」が隠されている（嘉田, 2001）。

次に、魚の水中選別をめぐる漁撈技法は、生き物や植物などの自然資源への配慮と、周辺環境への配慮といった重層的配慮によって生み出されたものである。そこには、時期によって湖辺や内湖などに入り込んでくる母魚をめぐる生き物への配慮に合わせて、植物や水の状態といった自然資源への配慮を貫いたことがわかる。そのために、漁具の向きや仕掛ける場所による周辺の環境への配慮もなされた。

以上のように内湖や湖辺といった水の不安定な水陸移行帯においては、人と自然の関わりには、「重層的利用」と「重層的配慮」に基づく働きかけが顕著に存在していたことがわかる。それは、漁獲量や漁具の種類・設置方法、ヨシの刈り取り、母魚の保護などといった重層的利用型システムと、コモンズ環境に相応した重層的配慮型システムであった。このような人と自然の重層的関わりの仕組みは、「生活の必要に応じる」という共通経験によって成り立っている。そこには、「利用と配慮」の仕方が異なっても、「必要に応じて対処」に加え、「決して必要以上にせず」という漁師や漁撈経験者たちのこだわりがあった。このこだわりは、コモンズ環境を崩さずに多様な価値の重なり合う漁業リズムを作り上げ、それが代々伝承されてきたのである。

このような生活感覚は、自然への働きかけの姿勢が次第に地域社会への働きかけと化し、その結果、コモンズ環境をめぐる活動の「自由」が保証される。それは、資源の限界と集団内の矛盾などといったリスクを回避するための準備を整えておくことで、生業上の問題や環境破壊を防ぐことができる生活共同体の節度であるともいえる。このことは、嘉田由紀子が指摘した「地域社会にとって何が基本的な共有の価値であるのか」（嘉田, 1997）を考える上で、社会における新たな関わり方を考え直すヒントにもなる。

次の章では、農業の仕組みをみることで、その生業の中にも隠されている「重層的利用」と「生業複合」の仕組みを明らかにしていく。

第2章

農業にみる水とのせめぎ合い

1 水の流れによる恵みと苦労

湖辺で田んぼを作り農業を営んできたことを記した資料が残されている。明治期の「針江村絵図」をみると、「藪や荒地、葭地、濱」と標記される土地も存在していた。前の章で詳しくみてきたような、内湖やヨシ原での漁撈活動は、この絵図の中に描かれている水色の部分が舞台となっていた。『農業水利及土地調査書』（1924年〈大正８年〉）には、排水不良になった「原因は湧出地点在シ一帯地下水高ク排水設備不適ニ依レリ」と記されている。

『滋賀県物産誌』（1880年〈明治13年〉）によると、当時の針江村は戸数126戸で農家が111戸、工が７戸、商が８戸となっている。ただ農家であってもそのほとんどは漁業と兼業し、その上50戸は木綿縮（もめんちぢみ）を副業としている。田地は58町４反、畑地は７町６反、そして雑地は50町７反となっている。各年農林業センサスによると、針江における専兼別農家戸数をみると、1970年、総農家戸数が103戸のうち、専業農家戸数０戸、第１種兼業農家43戸、第２種兼業農家60戸であった。1990年には総農家戸数が45戸となり、1970年より約５割が減少した。2000年になると、総農家戸数33戸のうち、専業農家が１戸、第１種兼業農家２戸、第２種兼業農家28戸となり、さらに減少した。

米作付面積については、次のようになっている。『新旭町誌』によると、1964年（昭和39）の針江の米作付面積は94.2haとなっており、明治初期の58町と比べると36町歩も水田が増えていることになる。1974年（昭和49）の米作付面積は72.0ha、1984年（昭和59）は75.1haとなっている。特に1974年頃の農地転用の実態が顕著であったことを記した資料がある。新旭町の農地転用の特徴には、「面積・件数ともに毎年の転用は1974年（昭和49）までが多く（最多面積24ha）、その後は少数横ばい型になっている（毎年４ha前後）。……最近13年の転用はその70％が1974年（昭和49）までに集中している」（財団法人農村問題調査研究会, 1985）と記されている。この頃の農地転用は、幹線道路沿いから展開されていた。その背景には、湖西線の開通や住宅用地需要の増大、堤防や道路の整備、漁港整備、自然公園、圃場整備事業によるものだと考えられよう。

1972年（昭和47）に琵琶湖総合開発特別措置法が決定され、1997年までの25年間にわたり、堤防や道路の整備、漁港整備、自然公園、圃場整備事業が行われた。この事業の進行にともない、水田をめぐる土地整備について、新旭町では、1972年（昭和47）度から始められた五十川（いかがわ）地区を最初として、その後各地区で圃場整備事業が実施された。『新旭町誌』によると、この事業は14地区の総面積は572.5haに及んだ。針江においては、1978年（昭和53）から1984年（昭和59）にかけて、圃場整備事業によって整備された田んぼの面積は、66.2haである。工事前の１筆当たりの面積は7.8ａ、工事後は工事前に比べて３倍ほど大きくなり、21.6ａとなった（『新旭町誌』）。

1990年に環境保全型農業（「環境こだわり農業」）が推進されたことにともない、針江では全水田の３割以上の水田が低農薬もしくは無農薬での実施となった。これは県全体の平均よりもかなり高い比率となる。

農地転用、圃場整備、湖岸道路などの出現により、湖と内陸部をつないでいた水の流れが変わったり、生き物の移動経路が切断されたりして、その生態系や人びとの生活や生業は大きく変わってきている。一番の要因は、琵琶湖総合開発と関連する圃場整備である。

次に、圃場整備前の琵琶湖と近い関係にあった水田農業の変化をたどってみる。

人びとは、３月に水路掃除、４月から６月にかけ種の撒き植え、マコモや泥などをかき集める作業、７月から９月にかけ使う分の野菜の収穫作業など、年中休みはほとんどなく、暮らしを営んできている。

かつての水田は、主に内湖周辺にあり、その多くが湿田であった。家々から湖辺までは、往復で約１時間かかる。移動時間を少しでも短縮させ、より早く農作業を進めるため、朝からお弁当やおにぎりを作って、田んぼで食べた。田んぼの近くに２か所の小屋があって、そこでお湯を沸かしお茶を飲むこともあった。サイレンが鳴ると、小屋でほかの農家といっしょに昼ご飯を食べたこともある。昼ご飯が終わった後、すぐに作業にかかり、日が落ち暗くなるまで農作業をしていた。子どもを背負いながら農作業をする女性の姿も多かったという。

かつて農業作業時の昼休みを知らせるサイレンの時間は、集落によって異なっていた。針江では、11時になるとサイレンを鳴らして時間を知らせていた。それに比べて、隣の集落の深溝から田んぼまでの距離は針江より近いため、サイレンの時間を30分遅らせて、11時半にサイレンが鳴るようにしていたという。

タブネといえば、通常、稲藁や農具などを運んだり、自宅と田んぼまで行き来したりするための主な交通手段である。タブネは、通常の稲などの運搬用のみならず、水田づくりにも欠かせないものであり、どの家でも持っていた。

湿田を耕すには、定期的に田面に土を足したり固めたりする作業が欠かせなかった。そのため、人びとはタブネを使って、川や水路、中島やガマなどの底に溜まった藻や泥などを肥料として引き上げ、田んぼまで運んで利用した。農作業の忙しい時期や農作業を便利にするため、タブネの停泊場所は主に中島や公民館の前の大川であるが、水田に最も近いところの中島におく農家もあった。

水の流れは、集落の中心部を流れる大川から琵琶湖へ下っていく。大川の周辺に位置する家々から田んぼへ行く時はちょうど大川から琵琶湖へ流れる水の順流に乗って、スムーズに舟を移動させることができる。しかし、その逆に水田から家まで戻ってくる時は非常に苦労していた。

通常、田植えの時期や稲の収穫の時期に、人たちは家から田んぼへ行く時にタブネに苗や農具などを積みこんではいるが、さほど重くないまま下っていく。しかし、水田から家まで帰ってくる時は稲藁や米などを舟に積み込まなくてはならないことで、タブネは行きよりはるかに重たい。それを逆流の水に乗せながら、家の近くまで移動させなくてはならなかった。当時の様子について、美濃部武彦や石津文雄は次のように語った。

「舟をうまく引っ張らないと集落に戻ることができなかった」、「竿で舵を取る技も必要だった。通常、タブネの先の尖った部分に紐をつけ、女性や子どもが陸側やあるいは水中から紐を引っ張ったり、男性が舵を取りながら、舟を動かしたりする。紐を引っ張る力と舵を取る力をうまく合わなくてはならない。重くなった舟をうまく動かせない時もよくあった」

人びとは、水の流れという自然現象を乗り越えながら、苦労や経験の積み重ねの中で農業を営んできたのである。

2　農をめぐる苦労と恵み
——魚米の生業複合

内湖の中島や西浦の周辺にある水田は、水が湧き出るところも多かった。排水が悪い土地柄で作られる水田を地元では「シルタ（汁田）」と呼んでいた。それは、ドロドロ、ジュクジュクし、まるで汁のような田んぼであることから名づけられた。深いところに足を踏み込むと、腰まで沈んでしまい、浅い田んぼでも膝下まで沈んでしまう。

シルタでは、田植えや稲刈り時にはある道具を使わないと作業ができない状態にあった。田植えの時「シルタに入るとジュクジュクしながら足を抜き出せなくて、なかなか田植えが進まなかった」。そのため、田植え時や稲刈り時には皆が「ナンバ」やタブネなどを使っていた。水が溢れるほど深いところでは、タブネを使って稲刈りをし、深くないところでは、「ナンバ」を履いていた。現在、「ナンバ」を使う機会がなくなったが、倉庫の中に大事に保管している家もある。

針江で使われる「ナンバ」と似ているようで似ていないものもある。例えば、高島郡朽木村麻生では、「タゲタ」（田下駄）と呼ばれるものを使っていた。これは、杉板の両端に桟（横木）を釘づけし、藁の左縄の鼻緒をつける。

写真1　針江のシルタでの作業時に実際使用した「ナンバ」(所蔵：美濃部武彦家)

写真2　朽木村麻生の湿田で使用された「タゲタ」(所蔵：滋賀県立琵琶湖博物館)

湿田で稲刈りに使用されるものである。写真2のタゲタは昭和50年代以降に使用されていた。

水は田植えの時にいっぱいあるのが良いとされ、稲を刈り取る時に水が多くあると困るという。それについては、「稲の半分まで水に浸かった。稲刈りは、舟の上で水の上にある稲穂の部分だけ刈り取った。舟の上から稲を引き寄せ刈り取る人や、水面に浮いた稲を拾う人もいた」という。

農作業は男性だけでなく、女性も行う。女性にとっては最も困ったのは、稲刈り時であった。それは、「女性は力があまりないもんで、稲を刈り取るとよけいに重たく感じ、運ぶのもたいへんだった」のであった。また、「稲の芽が出てきた頃、ちょうど水込みのひどいときはお米がおいしくなかった」という。

シルタは、田の土づくり、肥料やり、田植え、そして収穫など、田んぼに関連するすべての作業で余分に手を加えないと稲作ができない状態であった。そこでは、泥水が多く含まれ、土が非常に柔らかいため、毎年、田植えの前に土づくりから始めなくてはならなかった。土だけを増やして硬くするだけでは、水田用の土として適さず、田植えもできない。そのため、土づくりは、伝統的な方法で行うのが農家たちの慣習となっている。その方法は、竹や枝などを底に敷き、その上に土や泥、藻などを被せて土のかさ上げをした後に、よく叩いて少しでも「硬い田んぼ」にするというものだ。

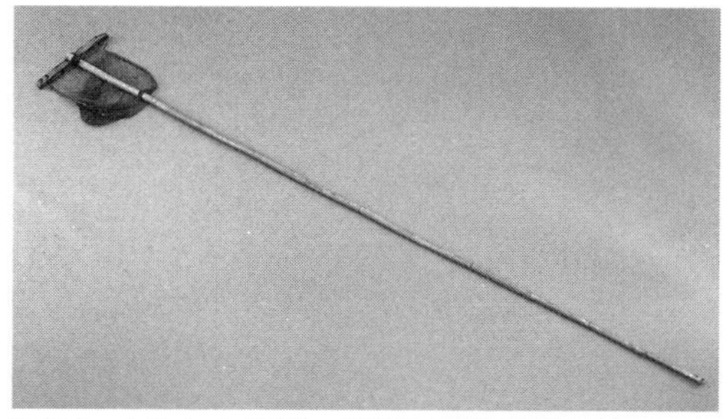

写真３　ミスクイ（所蔵：滋賀県立琵琶湖博物館）

当時、シルタには主に有機肥料を使っていた。この肥料づくりも、人びとにとって最も大切な作業であった。田づくりのあと、内湖や周辺水路や川などから泥や藻などを引き上げ、稲藁と混ぜて作ったものを利用していた。泥や藻などが大切な肥料であり、これらの資源は自由に採ってはいけないことになっていた。決まった日に全員が同時に採取しなくてはならず、「大儲け、儲かっている（藻刈っている）」という駄洒落もよく耳にしたという。藻刈りの作業が非常に大事だったことがうかがえる。

つまり藻自体は、いわば地域の共有資源であり、その利用をめぐっては集落内の約束事があった。藻刈り作業は、毎年６月20日が解禁日と定められていた。その日になると、朝８時にみんな一斉に藻刈り作業が始まる。当時の様子について、「朝、みんなが一斉に水に入って、競うように藻刈り。藻より人のほうが多いほど。あっという間に藻がなくなる」という。

藻刈りの道具は、ミスクイや竹２本で簡単に作られる竹棒などである。よく使われるのは２本の竹で作られたものである。ミスクイは、針江の川底は砂が多いため、その先端は板で作る。泥のところを使うものは丸竹で作る。これを使って、川に密生する藻を押さえつけ、中に潜むボテジャコなどの小魚をすくい捕ることができる。この藻刈りの道具は、昭和初期に製作されたものである。

針江以外でも、藻採りの道具としてドロモコジと呼ばれるものがある。それは竹の柄をつけた鉄枠に、麻の苧を撚って編んだ目の粗い網をつける。田畑の緑肥とする藻を取るのに使用する。湖岸の沼地でも、船の上から沼底を押して藻の根を切る。他にも、守山市赤野井町では、藻を採る道具を「モカキ（藻掻き）」と呼ぶ。鉄歯に竹の柄をつけ、針金を網目状に張る。船に乗り藻を採るもので、1950年（昭和25）頃に使用されていた。また、近江八幡市安土町下豊浦では使用された「モトリ」は、横板に８本の鉄歯を打ち、竹の柄と金網をつける。弁天内湖や西の湖でタブネに乗り、田畑の肥料にする藻を採るもので、1955年（昭和30）頃まで使用されていた。これらの道具からみても、琵琶湖の周辺では、藻を採る道具は地域や家によって形が異なるものの、藻は各地にとって大切な資源であったことが示されている。

針江の人びとは、これらの道具を使って藻などを挟んで、川底の泥もいっしょにかき上げて舟に乗せる。刈り取った藻などを積み重ね、いっぱいになると舟を移動させて田んぼまで運んでいた。刈り採る量には制限がなく、各家の田んぼの面積に応じて必要な分をかき集める。田んぼの面積が大きい家は、舟で田んぼまで何往復も運んでいた。解禁日の20日以降は、いつでも藻刈りをしてよいこととなっていた。だが、「当時、大切な肥料として皆が使うため、20日以降は、藻がほとんどなくなっていた」という。集落全戸が一斉に藻や泥などを肥料として引き上げる作業は、1955年（昭和30）頃まで続いていた。

圃場整備前までに田んぼを２か所所有していたある兼業農家は、「土づくりにも苦労したが、田植えはもっと苦労した。だが、シルタでは土づくりが先だ」と語る。その後、タブネの代わりに農業用の機械が使える時期に入ると、「シルタは水がなんぼでも入る柔らかい田んぼだから、乾かすのができへん。秋になったら、機械で刈り取るにしても、機械も土の中に入り込んで沈んでしまうし、機械そのものも痛むし、みんな苦労してきた。昔は、堅い田んぼがほしい。乾いた田んぼが人びとの願いや夢だった」と語る。

戦後まもない頃、食料不足だったため、人びとは少しでも米や食料を収穫できるように田んぼを増やして生活を営んできた。人びとは、少しでも食糧難を乗り越えるため、「ふけ」と呼ばれる土地（沼地や荒れ地など）を活用していた。この土地は内湖や川などの底から藻や泥をかき上げて土台にして、辛うじて田植えができるように作られていた。人びとはこれらの条件の悪い土地を手入れすることで、少しでも収穫を増やしていた。このような土地を地元では「フクラデン」（ふくら田）、「ドロカキデン」（泥掻き田）と呼んでいた。

田んぼは生業の場であると同時に、魚とりなどの多彩多様な利用の場所で

表１　農業と漁撈の複合

	1月	2月	3月	4月	5月	6月	7月	8月	9月	10月	11月	12月	場　所
水田農業					←	―	―	―	―	→			水田
漁撈　モジ			←→		←	―	→						湖辺・内湖・川・水路、水田
モンドリ				←	―	―	―	―	―	―	→		湖辺・内湖・川
藻類の採取						←	→						湖辺・内湖・川

出典：聞き取りに基づき作成

もある。農作業の合間にタブネに乗って魚を捕るなどの共通経験を積み重ねていた。琵琶湖岸の生業複合としては、南湖沿いの守山市木浜町（このはま）での研究が先駆的だが、針江でも木浜内湖付近と類似の生業複合があった（安室，2005）。

当時、内湖や田んぼ周辺の水は透明度が高く、ヤスで魚を刺したり、手でつかんだりして魚をとっていた。魚捕りについて、農家を営んだ住民たちは次のように語る。

「５月から６月の梅雨の時期は、田作業の合間に捕ったコイやフナなどを舟に乗せながら、周辺を行き来する人びとの姿をよく見かけた。農業作業が終わる頃に内湖にモンドリを仕掛けておいて、次の朝に魚を引き上げることもあった」。

捕れた魚は、舟の中の生（い）け簀（す）で生きたまま数時間保管し、家まで戻ると、カバタに入れてしばらく飼っていた。魚をカバタで生かしておくと、泥抜きもできるという。カバタは一時的に魚を保管する場所であった。特に冬の時期に、年末やお正月のご馳走としてカバタで魚を飼い慣らす（一時的に保管する）習慣があったという。

子どもたちも、田んぼでよく遊んでいた。「シルタには大きなミミズや魚もたくさんいた。素足で田んぼに入ってミミズを捕まえて、餌にしてナマズなどの魚がたくさん捕れた。シルタに踏み込むと、太ももまで入り込んでいく子どももいた。みんな足がめり込んで、泥まみれの「どろんこ」になってもいっぱい遊んだ」という。

3　農具、農作業の服にも工夫

琵琶湖周辺では、農業用のタブネは地域や田んぼの形態によってその形が異なる。例えば、琵琶湖博物館に所蔵されている大津市今堅田のタブネの形や用途は針江とは異なる。

写真4　針江で使われたタブネ
（写真提供：田中義孝）

針江のタブネは、稲の苗や農具、収穫時の稲や籾の運搬などで農作業に欠かせないものとして活用されていた。近年でも、使用しなくなったタブネを廃棄せずに大事に保管している家もある。舟の前が尖っていて、川に停める時には必ず尖った方を上流に向けておく。また、落穂などを集め、籾を取るための脱穀棒（地方名ヤイタカチ）は、大正時代から昭和中期まで使用されていた。針江の脱穀棒は琵琶湖博物館で大切に収蔵している。

写真5　稲の脱穀作業（写真提供：橋本剛明）

写真6　脱穀棒（所蔵：滋賀県立琵琶湖博物館）

農作業用の衣類としては、カッパ（それ以前はミノ）、ミジカモンペ、ナガモンペ、ハンモンペ、ヒッパリ、コテ（稲刈り、草刈りの時に使用）、キハン（脚絆）、マエカケ、麦藁帽子などがあった。モンペはズボン状で、女性が履く作業着である。これらは、1968年（昭和43）頃まで使用していた。現在でも、お祭りの時や普段の畑仕事の時に着ることがあり、着る機会は減ったものの、大事に保管している方もいる。

藁仕事は冬に行われ、稲藁を木槌で叩いて、柔らかく丈夫にし、草履など

写真７　農作業時の風景（写真提供：美濃部和子）

写真８　女性用の農作業服のセットを今でも大切に

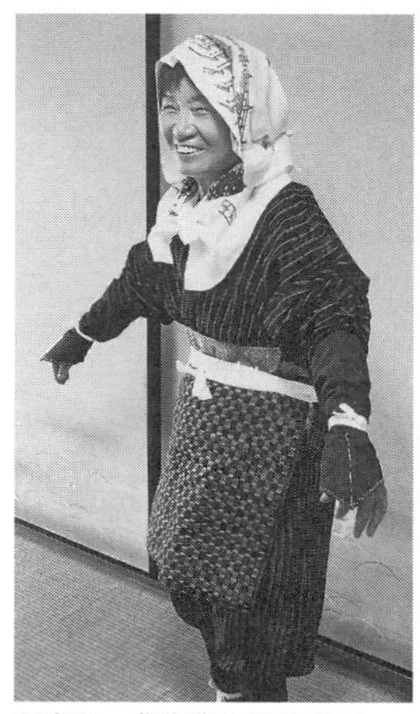

写真９　農作業の服の説明をする

写真10　現在でも手作りの藁の「ミノ」を大切に保管している

針江を南北に縦断する国道161号の高島バイパスの工事も行われ、1987年（昭和62）に全線開通となった。

圃場整備後の田んぼは１区画３反ずつ、水路のほか零細な土地をまとめて区画し、整備した。その中で、もとの場所にあった田んぼは、必ず同じ場所に区画されるとは限らない。３反以下の田んぼは、大きな区画の角やバイパスに近い場所に移動されることもある。整備や区画、場所の移動に対して、異議のない所有者は大きな区画の角に移動されていた。異議が出た場合は、区と協議がなされた。

例えば、兼業農家の男性（80代）の農地は、田んぼの面積が８畝（せ）で３反以下だったため、圃場整備後に現在のバイパスの近くに移った。当時、「どうしてもいやといったら、交換ができると言われたが、自分としてはもういいやと思っていた。そのままバイパスの近くになった」という。だが、「今になって考えると、前の田んぼの場所のほうがよかったけど、その時は、圃場整備に賛成するといった」のである。しかし「昔は川底の土を運んで田を広げ耕していたので苦労していた。当時に比べると、今の田んぼはバイパスの近くになり、道路ができて車で田んぼへ行き来ができる」ようになってきた。また、土作りについては「米を作るのに、土を混ぜて、上にはどういう土を入れて、下には何をいれるとかで、ものすごく適した土にしてくれた。圃場整備で田んぼの土までも全部作ってくれた。以前の田んぼは、でこぼこで深いところとか浅いところもあって、土も毎年全部自分でかさ上げしなくてはならなかったけど、圃場整備後はそんなことはしなくてよくなった」という。さらに、かつてに比べて、水の取り合いもなくなり、「いつでも水を入れようと思えば、入れられるようになった。昔に比べると便利になった」という。

昔の場所の田んぼよりは、今の田んぼのほうが多くの米を収穫できるが、その一方で愛着心が薄れて寂しい気がすることもある。

別の兼業農家の70代男性は、農地面積が16反あり、あちこちに散在していた当時の田んぼについては、以下のように語った。

「昔、水が湧いてきているところまで田んぼを作った。腰や膝下まで沈んだりしてしまった。１反でもいいから、乾いた田んぼが夢だった。やわらかい田んぼ、ジュクジュクした田んぼをなくすため、圃場整備を受け入れた」

現在でも湖辺の近く、圃場の柔らかいところにも田んぼがあり、毎年土を補充しなくてはならない。田んぼによって収穫が異なるが、「10ａ当たり、9～10俵も米がとれる田んぼは、あまり味がない。やっぱり砂地のほうの田んぼでとれたお米はおいしい」という。

一方、収量は７～８俵に過ぎなかった田んぼをめぐる自然環境について、多くの農家たちは日頃でも懐かしく振り返る。その中で、田んぼに生息する生き物や藻などの植物などの変化に関しても日頃から察知していた。昔は「みんなが田んぼや水路で、ドジョウやナマズなど魚つかみができたが、今は少なくなった」というように、田んぼやその周辺での遊びもできなくなっているのである。また、田んぼには「昔はミミズやヒルなどの生き物もたくさんいた。近頃、そういった生き物をほとんど見なくなった。コンクリートの土手にはホタルもいなくなった。ホタルの幼虫が蛹（さなぎ）になって育つためには水路の横に土の堤が必要だから」という。

5　あらたな時代の生業複合
――「針江げんき米」と「生き物田んぼ」の挑戦

田んぼの圃場整備や周辺の環境変化にともない、田んぼをどのように耕し関わっていけばよいのかを長年にわたって安全な米づくりのため、有機農業の価値を求め、挑戦し続けている農家が存在する。石津文雄である。琵琶湖総合開発事業まで刺し網漁やエリ漁をしていた親を手伝った経験をもつ石津文雄は、その頃の様子について、以下のように振り返る。

「水については敏感だった。川を掃除して水の流れがあると、ニゴロブナやコイは、上ってくれる。魚や貝類などは、水のにごり具合や水温などに応じて、田んぼに集まってきて産卵するからね。昔、どの田んぼでもおかずとりをしていた。捕れた魚を干してお正月に使っていた。コアユは天ぷらや佃煮（つくだに）で食べる。父親はヨシ売りの帰りに炭を買ってくることもあった。現在、自分の息子たちといっしょに農業をやっている。息子たちは、農の底には、水、

写真11　ビワマスの炭火焼き

写真12　自家製の一品。新米で作ったビワマスずし

土があり、大地での遊びも大事だと言って、自分から農業をやると決めた」

1976年頃、石津文雄は親からの農業技術を継承しながら、無農薬でこだわり農業をやり始めた。「針江元気米」と名づけた。農薬散布の時に自ら瀕死の中毒になり、その経験から、無農薬の有機農業を始めた。水田の雑草のコントロールや、虫害の防止のため、田んぼに棲む生物を観察し始めた。草のコントロールには、米糠(こめぬか)を使っていた。春に、よく発生するイネミゾウムシなどの観察を通じて、時期をずらして6日遅く田植えをする場合もあった。その後、有機栽培や冬期湛水(たんすい)を試したが、水を少し張る田んぼにはキツネやタヌキがあまり来なくなった。

田んぼのために始めた多様な試行錯誤から、石津文雄は「今やっていることは、結局、数十年先へつながる。田んぼや生き物とうまく付き合うことが大事だとつくづく感じる」という。

現在、石津文雄は、無農薬、無化学肥料、100％有機農業をしている。9haのうちの1.5haの水田では冬期湛水をやっている。冬期湛水を始めた3年目の2009年には、この水田に白鳥がやってきた。現在、田んぼにはホタルも復活できた。レンゲを植えたりニゴロブナを放流したりすることもあった。

「私たちがやっている田んぼは、滋賀県が認定している「魚のゆりかご水田方式」ではなく、好きにやっている。生き物にとっても大事なのは、田んぼや水路だけではない。集落の竹藪や川の環境も大事だ。針江は川や湖、山とつながっているから。魚、野菜、米などは単なる商品ではなく、未来につなぐ食材なんだ。針江の元気米をつくれるのは、田んぼの所有者にとってもうれしい。水でつながっていることからすべての農家にかかっている。山、水や田んぼを汚すと、結果として針江にも皆にも返ってくるからだ」

田んぼで穫れた米を学校の給食に出したところ、子どもたちが皆、「おいしい」と評判になった。また「自分たちが作ったものを食べる体験をすること、子どもたちの食育が大事だ」と考え、田植えなどの体験も受け入れてきた。

このような石津文雄の、生き物がたくさんいる水田づくりの思いと願いは、確実に次の世代に継承されている。石津文雄の長男の大輔は、仕事の関係で海外に行った頃、東南アジアの市場は活気に満ち溢れており、その空気を肌で感じると、生きるってこういうことなんじゃないかと思っていた。その頃、「祖父が亡くなり、より『人間として生きる』ことの意味を深く考えるようになり針江に戻った」という。そして、父親の有機農業を継ぐことになった。文雄が「針江のんきぃふぁーむ」と名づけた農地では現在、20haの田んぼの８割で化学肥料・農薬を一切使用しない無農薬米が作られている。しかも、自分たちのこだわりを理解して買ってくれる人に直接届けたいと思い、個人別販売でほぼ完売するまでに成長した。また東京や京都の百貨店等の催事などにも積極的に出店し、今は滋賀県を代表する有機農業の担い手となっている。

父親の代からの経験を受け継ぎながら、石津大輔は自身の水土観をこう語る。

「毎年毎年、米を育てるその経験とは何かと考えてきた。職業としての自信がなかなか生まれない。今はおいしいと言われるお米が多い。まずい米を探すほうが難しいくらい。（新潟県の）魚沼（うおぬま）の米のようなおいしい米をめざすのか。自分は違うと思った。琵琶湖畔で、この針江で与えられた環境の中で「地の味」とは何だろう。土地らしい味は何か、土地らしさが生きて、水があって、空気があって、その守りをする。農薬や化学肥料を外部から入れる農業は便利だけど、結局外の力を借りることになる。地元の土、水、空気、生き物、大地に根差した米。これはつくるのではない。まさに田んぼまかせ。天候、自然まかせ、どうなるかわからない、予測どおりにならない。田んぼ

写真13　有機古代米
（写真提供：針江のんきぃふぁーむ）

写真14　田作業—針江のんきぃふぁーむ
（写真提供：針江のんきぃふぁーむ）

の力にまかせる、それが自分の米の育て方だ」

農業者としての石津大輔の考え方の根本には、「身土不二（しんどふじ）」の思想が生きている。「身」（今までの行為の結果＝正報）と、「土」（身がよりどころにしている環境＝依報）は切り離せないという仏教概念ではあるが、これは針江の水と大地に根ざして生業を成り立たせてきた針江の先人の経験からしぼり出された「身土不二」といえないだろうか。

今、私たちの身の周りは「遠い食」「遠いエネルギー」「遠い水」、そして「遠い人」に頼り切っている。現代の日本社会において暮らしの根っこにある不安はなぜ広がっているのか。そこには遠くなりすぎた食や水やエネルギー、そして人との関係という問題がある。その近さを取り戻すヒントが、この針江で生き生きと受け継がれているようにも思えるのである（嘉田，2002）。針江のんきぃふぁーむの石津ファミリーの挑戦は、未来の持続的で安全な農業への実践を明らかに示している。そこには化学肥料や農薬などの石油文明にどっぷりつかった近代化農業への反省が込められている。

第Ⅲ部

社会基盤を支える地域コミュニティ

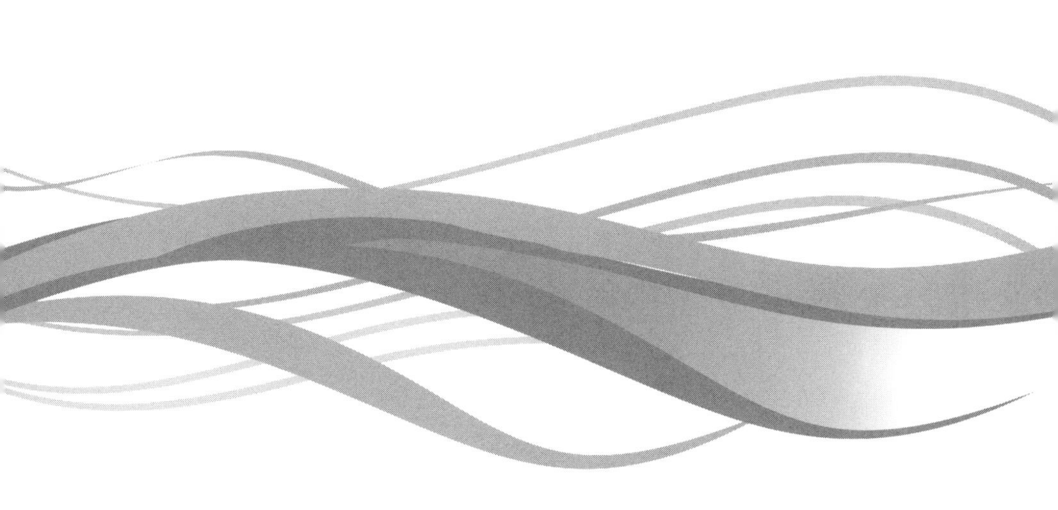

第1章

若者を育てる地域の力

1 若者集団と社会的脆弱性の抑制

地域生活のさまざまな場面において人びとが連携して対応する必要がある。その対応には、地域なりの「作法」が存在し、それを駆使することでスムーズにものごとが進むことが多い。この作法は、つき合い関係と置き換えて考えることが可能である。

つき合い関係は、地域社会を理解する基本的な前提となり、生活互助を支える現状の中でその実態をとらえることが必要となる。この関係系をとらえるための見方は、二つあげられる。一つは、明確な基準や目的に基づき形成されるつき合い方である。もう一つは、明確な基準がなくその都度集まることで形成されるつき合い方である。

前者は「基準的関係」とよび、後者は「慣習的関係」とよび、両者が果たす役割とこれからの地域社会を支えるその可能性について、とらえてみたい。この両者が果たす役割をここでは地域コミュニティの機能として位置づける。

これまで、伝統的な村落組織を、①民俗文化的組織と、②生業関連の組織に分けて考えることがしばしばある。①民俗文化的組織は諸行事（祭りなど）を支えるものとしてとらえ、②生業関連の組織は農業や漁業といった生業を支えるものが中心となる。過疎化などで民俗行事や生業を従来どおりに維持することが困難な場合もあり、その形を変えて残存することがある（池田，1991）と指摘している。例えば、「班によっては農作業の協業化や杉苗木の精算などを独自に行うもの」が、「戦後に「班」と呼ばれるようになったが、現在においても、組合という表現が多用される」（池田，1991）と指摘している。

現在の地域社会の中で、これらの組織は実際にどのような形で維持されているのか、もしくは消滅しているのかが不明なところがある。地域生活を支える組織は、単なる民俗行事や生業に限るものではない。地域社会の中で、生活を維持していく上で必要とされるのは、身近な相互扶助を果たしうる切実な組織であろう。現代社会においては、どのような組織形態を用いて、どのように生活のあれこれの場面を支えているのかを明らかにする必要がある。

その焦点となるのは、地域にはどのようなコミュニティが存在し、どのような活動を行うことで、「地域を助ける」ことにつながりうるかだと考える。

ここで取り上げる組織は、「人の社会的諸関係のすべてが見出される共同体的基礎集団である」（嘉田，2001）との定義に基づくものである。

地域には、若い衆や青年団などと呼ばれる若者層によって結成された組織が存在していた。これらの組織は、活動内容や運営のしかたなどが地域によって異なる。戦後の日本社会を支える組織には、青年団の存在もある。例えば、1905年（明治38）頃に大阪府箕面（みのお）市域の各地区に「青年会」が誕生、そして1915年（大正４）には内務・文部両省から青年団設立の訓令発令があり、補助金の交付や事業奨励がはかられたため、各地で青年団が日常生活、共有の管理、土木関係の手伝い、用水関連などさまざまな活動を行うようになった（鳥越，1994）。

若者組織は、地域にとって重要な活動を行ってきたことがうかがえる。近年、各地において若者の地域離れが進み、地域社会を支える若者組織そのものが変わりつつある。大きく変わったものの一つは、地域の青年団が果たす役割である。青年団が解散されてしまうと、生活や生業の場においても、若者の活動機会が次第に減ってしまう。例えば、地域内の会議等の時の役割分担がなくなり、若者層の活躍の場や集落を支える機会が失われ、そして、集落の中の若者層と年配層との相互理解や世代間のつながりも次第に薄れてしまう。こうして、集落を支える有力層の一つとしての若者集団が地域で活躍する舞台が失われるとともに、地域の社会的脆弱性の抑制への関わり方も次第に変化してきたのである。

特に現代社会においては、若者が地域に入り、日常生活に関わるような場も少なくなってきている。いつの間にか、地域活動への参加や参画を通して得られる共同経験は減少する一方で、地域での日常から離れることになってきている。かつては、放課後の野外活動（子ども同士の遊びも含めて）は、家々周辺の川での魚つかみや水泳、自分の集落の地先の琵琶湖などでの遊びなどといった自然界との関わりであった。そうした自然との関わりの中から蓄積されていく共有感覚も身近に習得できるものであった。それに対して、近年、放課後の若者たちは、どこで何に夢中になり活動しているのであろうか。例えば、放課後に習い事など屋内での勉強といった志向性の活動に忙しい若者層も増加してきている。かつてに比べて、若者層の活動の場とその視線の先は、明らかに地域環境から「屋内」空間へと移り変わっていった。そこには、若者が集団で活動できる場や機会が提供されなくなったことも、要因の一つとして存在するだろう。

どの時代でもどの地域でも、若い世代の力も必要とされている。この社会的受容を支えているものは、その地域で蓄積されてきた若者たちの生活上の共有感覚でもある。それらは、地域での生活環境に関わる共通経験に基づいて連続性が維持される。よって、何らかの形でこの共通経験の連続性を地域に再び根づかせていくことが必要であろう。

2　日常社会生活を支える二つの系譜

青年団が成立した社会背景には、二つの系譜がある。一つは伝統的に若者組のような地域独自の若者集団であり、もう一つは戦後の民主化の一環としてアメリカ式社会人教育として導入された社会教育集団である。かつては集落ごとに青年団があり、その運営や活動内容なども異なっていた。

針江の青年団は、1970年代頃まであったと言われている。現在、組織としての形はなくなったが、地域での貢献を果たし続けている。旧新旭町の青年団には針江の青年団が含まれるが、1991年（平成３）には９支部があり全部で約40人の会員がいた。しかし、針江では集落独自の若者集団として運営されていた。中学校を卒業した次の年の約16歳から男女とも青年団に入るのが習わしであった。結婚すると青年団から抜ける。1953年（昭和28）頃、青年団の女子部の人数が約35名だったが、その後、若者が減ってその人数が徐々に少なくなったという。1975年（昭和50）頃までは青年団として存続していたが団員は約18人で、そこには支部長、副支部長（兼会計係）がおり、副支部長の女子は主に研修担当であった。青年団には男子部と女子部もあり、女子部の活動にはバレーボールやお芝居などの他、女子だけの泊りがけの研修もあった。

青年団に入ってからの１年目は、礼儀作法などを先輩から引き継いでいく。その様子については、以下の語りからうかがえる。

言葉づかいについては、「敬語の使い方などを教わる。例えば目上の人たちに対しての言葉づかいなど」をいう。また若者同士の助け合いについては、特徴的であった。それは、「中学校に上がる頃、みんなが丸坊主だったので、まず前髪の整え方など先輩から教わる」こともある。特に集落内の行事がある時は、「みんなより先に会場へ行って電気をつけたり、茶をわかしたりして会場の準備や手伝いなどをしていた」のである。その会場では、例えば「座る順番も決まっていた。１年生の青年団たちは会場の入口あたりに座り、何かがある時にすぐに動けるように、順番に座っていた」ことを含めて社会勉強をしていた。「先輩たちがいろいろと教えてくれる。困った時も助けてくれる。遊びにも連れていってくれる。先輩たちの言うことは絶対的だった」という。特に「親も農作業などに忙しいし、家族以外の社会を教わる」という学びの場となっていた。さらに青年団に入ってから２年生になると、次に入ってくる１年生の世話役に回されていくことになる。

青年団のメンバーたちは、町や集落の会議への参加やお祭りや行事、藁仕事など、一人前になるためのさまざまな仕事をしてきた。

まず、町の行事にかかわる活動について、青年団の年長の人は町の会議に参加したり、スポーツ大会（バレーボール、ソフトボール、卓球など）の日程や行事などを伝達したり準備したりしていた。会議から戻ってきた青年団員は、１年生たちに伝達し、話し合いの場をもうける。そこで、１年生の人たちはその日程や内容などを書いて、それぞれの家まで配って伝達していく。

青年団の中でも、年長の人は青年団に所属しながら消防団に入ることもあった。消防団に入る青年団員は、火の用心の活動に参加する。針江では消防団が12人と決まっていたが、そのうちの一番の年長者が消防団を辞めたら、そのかわりに青年団からメンバーを補っていくこともある。青年団にとって最も賑やかで晴れ舞台となる仕事は、集落のお祭りや行事の時だという。

集落内の環境管理においては、全戸のゴミ収集やゴミ捨ても1968年頃まで青年団が担っていた。かつて「コウドクバコ」と呼ばれるゴミ捨て箱があった。その設置やゴミ収集、ゴミ捨ての役をしていたのである。毎週日曜日の朝に青年団のみんなが集まって、ゴミ箱に捨てられたゴミを収集してリヤカーに載せて指定のあったゴミ共同捨て場まで運んでいく。集落の下に位置し、田んぼの端っこにある藪と呼ばれた場所で埋め立てをしていた。当時は今のように行政によるゴミ収集はなかった。

針江の青年団たちはスポーツ競技にも強かったことがよく知られていた。毎年、スポーツ大会が開催され、各集落の青年団が競い合い、優勝した青年団は町の代表として選ばれる。当時の様子については、「針江の青年団が一番強かった。よく優勝していた」という。そのため、旧新旭町の代表として選ばれた針江青年団は、旧高島郡の大会まで出場した。通常、代表として選ばれた青年団は、町を代表しさらに競技を行うことになる。当然、新旭町の名前を掲げて出場するはずだったが、「新旭町の名前ではなく針江青年団という名前で出場していた」と振り返る。また、「大津の芝居小屋まで招待された」ほど、針江の青年団は芝居も非常に上手だった。このように、何かと注目される存在だった針江の青年団の団員たちはその誇りを胸に刻んでいたことがうかがえる。

青年団同士や集落の人びととの関わり合いについては、以下の語りからうかがえる。

昔、青年団の仲間や大人たちと、たとえ冬でも舟を漕いで浜や中島などへよく遊びに行っていた。「ウナギや小魚、シジミなどをとっていた。寒かろうと暑かろうと」という。時には、「大人や仲間を誘い合ったりもしていた。当時、中学校の先生といっしょに舟に乗って琵琶湖で遊んだ」のである。また、「皆が押し網を使って魚捕りもしていた。湖辺や中島で遊びがてら魚などを網で捕ったり、手でつかんだりしていた。そんなことは親に内緒にしたが先輩や仲間たちに叱られることもあった」のである。そして、「冬でも年寄りの家で藁仕事を手伝ったり、世間話をしてくれたりしていろんな遊びをしたりして楽しかったな」という。こうした日頃からの活動を通じて、若者同士のみならず大人たちとの関わり方を習得しながら集落を守る青年団に属する若者たちの姿があった。

3　青年団の共有地を支える専用型管理の仕組み

1960年代頃まで青年団にはヨシ畑と田んぼを集落から分与されていた。

青年団のヨシ畑は、1958年（昭和33）頃まで全部で２か所あった。一つは、もともと田んぼの跡地に自然に生えてきたヨシ畑で、もう一つは中島の中にあるヨシ畑だった。毎年、ヨシを売って得た収益は青年団の活動資金にあてていた。

ヨシは毎年自然に伸びるので、植える必要がない。刈り取りは３月上旬に行われた。ヨシ地の床の土は非常に不安定で、ヨシを鎌で切り取るにはある程度の経験がないと作業ができない。田んぼで使うナンバを履かないと刈り取りができなかったが、足元が不安定でぶらぶら動いて怪我もしやすかったという。当時は、区が一斉にヨシの入札を行い、落札した隣村のヨシ屋が主にヨシを刈り取るかたちになっていたので、青年団員たちは自らヨシの刈り取りをする必要はなかった。

ヨシ畑のヨシを用いて、少し変わった使い方をする者もいた。ヨシを少し刈り取って束にして持ち帰り、自宅の屋根の下に置き、ミツバチの巣を作る。ヨシ束にミツバチが棲みこみ、蜂蜜が採れる。採れた蜂蜜はおいしく、自家用にするだけではなく団員にも分けていた。

ヨシ畑の他に、琵琶湖辺の河口から少し離れたガマの生えている辺りが、青年団の田んぼだった。これらの田んぼは、区が所有する土地のうち、空いている土地を無償で貸し出したものである。面積が一番大きかったのが中島周辺にある田んぼで約1反あり、それを1963年（昭和38）頃まで青年団が耕していた。当時「青年団の頃、僕らより10歳上の先輩たちが中心になって、1反くらいの土地に川底から揚げた藻や泥と混ぜて、田んぼの土づくりや肥料づくりもして米を作った」という。そのころ、青年団には男女とも18人ほどいた。

田んぼの他にも青年団は湖辺にある砂地の野菜畑も耕作していた。この畑は、針江が代表として個別に契約を結んだことで、青年団が耕すことが可能になった。その土地では夏野菜やサツマイモ、スイカなどを植えていた。ここで採れたものは、青年団のものとなり、各自用にしても売ってもよしということだった。その近くに桑の木も植えられていた。皆が桑の実（クワイチゴとも呼ばれる）をおやつがわりにしていた。また、「知らないおじいさんの畑で生のサツマイモをかじったりするなどの悪さをしていた。おじいさんに追いかけられたが、あまり怒られなかった（笑)。そんな大らかな時代だった」という。

これまでのコモンズ研究においては、利用主体と管理主体が統一化することの重要性（金城, 2009）の議論に関心が寄せられてきた。しかし、ここでみてきた土地をめぐる環境においては、必ず利用主体と管理主体とは統一化されていなかった。毎年、区が一斉にヨシの入札を行い、これを落札した隣村の専門のヨシ屋業者がヨシを刈り取っていた。このことからは、その管理主体がヨシ屋などの専門家だったが、入札による収益は集落から青年団に与えられていた。このことは、ヨシ畑をめぐる利用主体と管理主体は分離していたことを示している。つまり、利用主体と管理主体が統一されていなくても、土地の継続的利用と管理が成り立つということである。このような分離構造によって、土地は集落のものとして地域の若者集団によって守られることにつながったのである。このような利用形態をここでは「専用型管理」と名づける。集落は土地をめぐる重層的な関わり合いを通じて若者集団を支えつつ、地域環境と関わせていたことになり、その意義は大きいものである。

将来性を埋め込んだ地域コミュニティの継承

集落の土地は通常、無償で分与されないものであるとされてきた。しかしながら、ここではあえて、若者集団に地域の土地との関わりを継続させることが選択されてきた。では、なぜ地域の若者集団に対して優遇ともとらえられる土地との関わりを続けさせてきたのであろうかという疑問がわく。

これらの土地利用にかかわる社会的機能からみれば、青年団の利用の仕組みには「将来の地域の担い手を育てる機能」とも言えるものがある。

現在、もと青年団のメンバーたちが「当時は若い人も年寄りもみんな話をよくしていたし、接する機会も多かった。今はみんなが60代、70代から80代、90代、いくつになっても集落の中で何かあったらみんなで動いとる」と語る。

このように過去に存在した青年団という組織から皆脱退して60年ほどが経つが、現在においても当時の人間関係が仲間体制として機能している。

「今は集落の行事など、何もなくても仲間同士はもちろん、先輩やいろんな人ともなんだかんだと理由をつけ、しょっちゅう飲みに行っている」と現在もつき合いを継続しているのである。さらに興味深いことは、「昔の『もの』が消えても、『こと』は消えない。つき合いも消えるものではない」と語られているように、そこには新たな価値が秘められていることである。つまり「もの」としての組織的肩書きや公式の役割はなくなっても、関係性という「こと」が残るということであろうか。大変興味深い表現である。

一般には、青年団の共同作業としてのヨシ畑や田んぼなど、物的経済価値がなくなると同時に、参加者相互の関係も次第に薄れてしまうとされている。しかし、ここでは片方の共同作業がなくなっても、もう片方のつき合い関係が根強く生き続けているのである。

このように集落内でさまざまな局面を担ってきた青年団は、同時に若者世帯と高齢世帯をつなぐ役割も果たし、集落や人びとに頼られる重要な存在ともなっていたのである。集落は、地域行事や日常生活だけではなく、土地運営などを通して若者たちが多様な経験を積み重ね、集落の大黒柱として成長していく姿を見守ることを重視してきた。このことは、地域を支える担い手組織を備えることの重要性を示唆している。言い換えれば、資源の利用が消えることを「資源の不確実性」と呼ぶならば、この不確実性と併存する別のものが存続しているといえよう。それは、資源の不確実性というリスクを乗り越える、「若者世代と年配世代がつなぐこと」、「地域で若者を育てること」という「もの」ではなく、「こと」として継続される社会的関係性であろう。そしてこの社会的関係性の継続こそが、今後の地域社会の行方を考える新たな価値なのではないだろうか。青年団という組織はすでに消滅したが、そこで育まれてきた感性という「こと」は残り続けているのである。このような感性が息づく「こと」のあるコミュニティを、ここでは「将来性コミュニティ」と呼ぶ。

では、このような「将来性コミュニティ」をどのように次の世代や社会につなぐことが可能であろうか。その前提条件となる要素とは何であろうか。この章で紹介した青年団の取り組みと第Ⅰ部第３章で記述したカバタをめぐる取り組みを合わせて振り返ると、地域を守るという活動をいち早く立ち上げた中心メンバーには、かつての青年団の構成員の多くが参画している。なおかつ、初期の立ち上げや取り組みから今日まで約17年間の年月を経過している中においても、地域を守るという「以心伝心」の感性が残り続けている。そしてそのことは、初期の数名のコミュニティの構成員から徐々に多くの生活者が参画するにつれ、地域内外に広まり浸透しつつあろう。

現時点で青年団に相当する若者組織をもたない針江集落、あるいは日本の多くの集落は、将来、どのように社会生活を維持し、伝統をつないでいくのだろうか。大きな問題がここに提起されている。

第2章

生活を支える基礎的な組織

1 年齢階梯組織は社会関係の柱となる

針江では、古くから年齢ごとに入る多様な組織が作られ、それぞれの組織が地域活動を支え、コミュニティの基盤を補っている。子どもから高齢層までそれぞれの年齢層区分により形成されたこの年齢階梯組織は、現在も存続している。

年齢階梯制度とは、高橋統一によると「血縁ないしは家の原理とはおよそ違う人間誰しもがもっているところの年齢という要素を基準にして、社会的なグルーピング、類別、あるいは結合をしていく、そういう一つの契機、原理」(高橋, 1998) であり、村落内の分業システムを強調するケースと、宮座などと結びついた祭祀的役割を強調するケースがある、といわれる。針江の場合には、地元で「年齢階梯」とよばれているわけではないが、年齢別の分業的システムが比較的明確であるので、ここでは年齢階梯という言葉を使っている。

まず、子どもが入る組織である「子ども会」について、第Ⅰ部の遊びの部分で記述した内容とは異なる部分で地域行事について紹介したい。

祭りや地域行事においても、子どもたちは公的な役割も果たしている。かつて針江公民館に図書室があった頃、子どもたちがそこで本を読んだり貸し出したりすることを通じて、本や図書室の管理をしていた。

また、地域行事やお祭りの時は、その準備やかき氷つくりなどの役割を担っている。子ども神輿においては、神社から事前に子ども会に呼びかけを

写真１　大人衆の活動（写真提供：橋本剛明）

して参加要請を行う。そこで子ども神輿を担う子どもたちの役を分担する。神輿の当日になると、朝、ハッピを着た子どもたちが日吉神社に集まってくる。子どもたちは、日吉神社に保管していた「コドモタルミコシ」を担いで境内から出発し、集落内の家々を回っていく。その神輿の列の後ろに、新生児を背負って笠を被るおばあちゃんがついていったり、親たちが子どもたちの晴れ姿を見守りながら列の後ろに並んでついて回っていくこともある。家々を回っていくと、いろいろなお菓子などを受けとる。そして、午後の４時頃に日吉神社境内に戻って、大人たちから「おたびところ、お疲れさん」と挨拶されて、子ども神輿が終了する。

消防団には20歳から入り、現在12人いて、盆踊りなどの地域行事の時に出動し、火の安全などを見守る。かつて、運動会の時には皆が運動会に参加するため、集落内に誰一人としていなくなるため、消防団員が集落内を巡回していた。

「壮友会」は50歳から65歳までの男性によって構成される。「壮友会」から離れると、65歳からは「明生会」に所属する。この会は、通常、明生会館を集会所として利用している。その活動として、かつて農業用水の管理（水番の役割）をしていた。水の配分という、共同体としては大変大事な公共性を帯びた役割を担うものであり、年齢の高い経験者が担当していた。しかし、圃

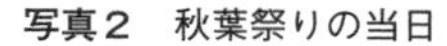
写真２　秋葉祭りの当日

写真３　秋葉祭りに参列する

写真４　例祭の供え物

場整備が進み、水利組織もいわば集落を越えた「土地改良区」(水土里ネット)に移り、水利当番などがなくなり、農業との関わり合いが低くなった。それでも現在、集落内の植物の植え替えや、川や会館の掃除などの役を担う。近年、第３日曜日にグランドゴルフをやったり、年に１回旅行をしたり、芝居をみたりするなど、親睦活動も継続している。明生会の女性たちは、帽子やバック、お財布などの裁縫や趣味事を行う。手作りの品を持ち寄って集落の中の無人販売所に出品展示することもある。

「大人衆」は針江区の12名の古老によって構成され、最高齢の組織であり、欠員が生じた場合は年齢順に次の者が入る、という仕組みになっている。メンバーが満83歳になると退会する。諸行事の役割については、毎月輪番で神社の守りや年末年始の行事、稲荷神社の初午行事、秋葉神社の例祭などを担う。毎年９月16日に開催される例祭のため、その前日に神社の周りの清掃やのぼりを立てるなどの準備や全体の調整などを行う。例祭の当日、大人衆全員が集まって、神主の先導により祭礼を行う。

観音講は、結婚した女性によって構成され、現在、人数は12人である。その活動は、毎月17日、年に12回ある。当日は13時から15時まで石津寺で御詠歌を読む。その後に、皆でお茶を飲んだり食事をしたり、楽しい話や昔の苦労話、日頃からの相談をしたりするなど、女性コミュニティとして脈々と受

写真５　石津寺で御詠歌を読む観音講

写真６　観音講活動の仲間たち

表１　年齢階梯性組織

年齢層	組織名	男女別	活動内容
小学生～	子ども会	男女	地域行事（子ども神輿、盆祭り） 学習関連（図書の管理）
20歳～	消防団	男性	運動会や行事時の巡回、火の安全管理
50歳～ 65歳	壮友会	男性	
65歳～	明生会	男女	明生会館が集会所 かつて農業用水の管理 現在、集落内の環境管理、親睦活動。女性は趣味、出品展示等の活動
最高齢の順	大人衆	男性 （12名）	秋葉神社の世話や例祭関連の活動
最高齢の順	観音講	女性 （12名）	御詠歌を読むことや交流など

出典：聞き取り調査に基づき作成

け継がれている。

かつて、集落の中には芝居小屋があり、農業や漁業、日頃からの出来事などを台本にして自分たちで芝居をつくったり、出演したりしていた。女性たちは三味線を弾いて、藁の草履や籠などを使ったり、カズラや衣装などを手作りしたりしていた。配役は、子どもも大人も参加し、昼ご飯の間でも練習したりして、皆で芝居や演劇、紙芝居を楽しんでいた。針江の紙芝居はとても上手で非常に有名だった。このような娯楽は、50年ほど前までやっていた。

また、集落内のおじちゃんやおばあちゃんたちが「バンバ」や日吉神社に集まり、子どもたちの世話をしたり、童謡や昔話などをしたりする。

このような年齢階梯組織は、年代層や活動ごとに区分され、構成される。そして、日常生活から地域行事まであらゆる活動の担い手として役割を果たしている。そこには地域のまとまりとしての機能が色濃く残されている一方、上記のような年齢階梯組織とは異なり、日頃のつき合いから結合されるものもある。

2　地域行事や人生行事を担う仲間型の社会組織

日常に欠かせない人びとの関わり合い関係については、①地域行事担い型（「八講（はっこう）」）、②仲間型（「シンセキ」、「みみつめ」、「どようもち」など）を通してみてみる。

まず、地域行事担い型（「八講」）についてである。地域を担う最も重要な組織には、「八講」がある。八講の仕事は、かつては神様のお使いとしての役割を果たすものとされ、八講になる人は、祭りに晴れ姿の披露や祭りを担う最も重要な役を務める。祭りの主催の他、日頃からお宮さんの管理、祝い事のあった家へのお祝いなども行う。例えば、集落の中でおめでたいことがある家や新築の家、そして新婚夫婦の家に出向いて、太鼓を叩いて賑やかにしお祝いするのも役目である。また神社との共同作業も行う。毎年８月21日には神社の行事が行われる。神社で保管されている書物の管理を行う。１冊ずつ

写真７　みんなのためのしめ縄づくり

開いて虫がついていないかなどのチェックや防虫作業をするため、宮世話役の３名、正傳寺（しょうでんじ）の住職、日吉神社の世話役、八講から３名が集まって行う。年末になると、役員や日吉神社の宮総代３名、八講３名、集落用のしめ縄や門松づくりを行う場合もある。みんなで作ったものは、日吉神社に奉納され、公民館などに飾ることになる。

八講のメンバーになれるのは、生まれ年の順番で長男だけである。近年、集落の中で長男の人数が減っていることから、次男や三男でも入ることができるようなっている。その構成員は、八講長が１名、役員が２名、全部で３名となっている。そのうち、生まれた順番で一番早い人が八講長になる。青年団、消防団、八講に同時にあたる人もいるが、青年団を卒業してから、消防団や八講への順序で入るということではない。その年の人数によって、早く八講に入ることもある。生まれた順番で役にあたることは、昔からの決まりだったという。

見習いとして１年間を務めてから、ようやく正式に八講の成員として入り、全部で３年間の勤めを行う。１年目は、宮さんの清掃やお世話を行う「見習い」役である。２年目になると、「２年は八講」と呼ばれ、祭りの時に太鼓を叩いたり、鉾（ほこ）を担いだりすることができる。３年目になると、「３年は八講」と呼ばれ、太鼓を担ぐことができる。３年間の大役としての仕事を終え、立派な一人前として認められる。

神輿の時に、八講長は先頭になり、鳳凰（ほうおう）という鳥のあたりに乗る。総代長は「よいこ、よいこ」と言って、先頭で陣をとる。メンバーの間では、「お見習いの１年生の人は鉾を担いで回る役をしていた。祭りの雰囲気につられ、酒を飲んでしまって、鉾を担ぐのがだんだん重たく感じてくる。それでも最後までゆらゆらと担いだ」という。

つづいては、仲間型組織についてみてみる。針江では、「シンセキ」、「みみつめ」、「どようもち」、「随時の集まり」が対象となる。

昔は、お葬式時は大変なため、皆の助けが必要だった。近隣の手伝いを通して、近所づき合いをしていた。この日常的助け合い関係は、「シンセキ」とも呼ばれている。

「みみつめ」（同年の会とも呼ばれる）は、通常、同年代や仲間の人が困った時、皆で助け合うものである。例えば、悲しみの時でもあえて皆がその日に集まり、「賑やかし、冷やかしをする」という。同年代の人が亡くなる時、皆の悲しみを和らげるため、葬式などが終わってから、仲間たちが集まっていっしょに食事をする。「あまりに仲がよかったので、あの世に連れていかないで、またあの世で悪口を言ったり、仲間を呼んだりすることを聞こえないようにする」という。冗談話でもなんでも言い合いながら、「気を落とさずに仲間同士で励まし合う」ための会でもある。

「どようもち」は、同年代や年代違いの仲間が土用丑（どようのうし）の前後の土日や皆の都合のよい日に食事したり酒を飲んだりするなど、みんなが楽しむための集まりである。同年代の仲間は人数がほぼ決まっているので、「土用もちをやろうや」と呼びかけをする。昔、夏の土用に餅を食べて、夏に負けないように元気をつけるために始まった習慣である。現在も継承されている。

「随時の集まり」は、特に名もなく特別な理由がなくても、その都度、何げなく集まりたい時に集まる。集まりの場で近隣や同年代、仲間などと暮らしの中でのいろんなことについて話し合ったりする。

このように日頃からの互いの話し合いや助け合いなどのため、多様多彩な組織があった。

3 近所づきあい組織が支える日常と非日常

昔は、「近所頼り、次に同年代頼り」という風習があった。日常的に困ったことや不幸なこと、助けが必要とされるときに、仲間や近隣、同年代の人びとに頼っていた。集落の中で、悲しいことやめでたいことなどの時は、皆で分かち合い、寄り添いの精神に基づき、多様なつき合い関係を結んできた。

針江では、このような行政の末端機関としての隣組とは異なる近隣づき合いの慣習が、現在でも存続している。ここで見られるつき合い関係は、大きく二つに分けられる。

まず「組」について見てみる。針江では、古くから組によってお祭りや川掃除などさまざまな地域行事をみんなで支えてきた。全部で11組あり、その名は、「い組」、「ろ組」、「は組」、「に組」、「ほ組」、「へ組」、「と組」、「ち組」、「り組」、「ぬ組」、「る組」である。

区の行事として出役の活動として、浜園地や大川・小池川の掃除（年に4回)、春の溝掃除（年に1回)、草刈りなどである。そのうち、浜園地や大川・小池川の掃除は場所によって組ごとに分けて行なわれる。浜園地掃除は6組が担うことになり、それ以外の組は大川・小池川掃除を分担することになる。例えば、2017年に大川・小池川掃除の分担は表2のようになっていた。

組同士で交流の機会を図り、組によって異なるが不定期に食事会という形をとる組もある。

「飲み会といっても、（酒を）一滴も飲まない人も来はるで（笑)。10回はきかないよ。大川掃除（年に4回)、春の溝掃除（年に1回)、運動会、バレー大会、ソフトボール会、バイパスの草刈り掃除、泥落としに合わせて、年間で少なくとも9回」

昔、泥落としの日は、一休みとして組単位で交流会を持ち回りしていた。組内で集まりを引き受けた家は「ヤド」（宿）とも呼び、「今年は私の家で、来年は別の家でやる」というように順番で実施する組もある。泥落としの日の交流会は組全体で行う。各組長が主催する場合も、一軒一軒の家を順番に

表２　大川・小池川掃除の分担（2017年度）

実施月	時間帯	場所ごとの組分け		
		大川下流	大川上流	小池川
５月	8：00	い・ろ・は・に「組」		
	9：30		ほ・へ・と・ち「組」	
	11：00			り・ぬ・る「組」
７月	8：00			り・ぬ・る「組」
	9：30	ほ・へ・と・ち「組」		
	11：00		い・ろ・は・に「組」	
１月	8：00	い・ろ・は・に「組」		
	9：30		ほ・へ・と・ち「組」	
	11：00			り・ぬ・る「組」
３月	8：00			り・ぬ・る「組」
	9：30	ほ・へ・と・ち「組」		
	11：00		い・ろ・は・に「組」	

出典：聞き取り調査に基づき作成

回って行う場合もある。交流会の場では、各自の畑で作った野菜など、その家々の自慢の品などを皆が持ち寄りにすることで行う場合もあれば、担当の家だけの食材で行う場合もある。

次に、「ズシ」によるつき合い関係についてみてみる。隣組ではない「ズシ」のつき合いがある。ここでいう「ズシ」とは、火事、葬式、結婚式などといった非日常時のために備えた、つき合いのある「家」のことである。このつき合いのある家のことは「ズシさん」とも呼ばれている（以下「ズシ」で統一)。ズシの中には、「オオズシさん」が存在していた。

「向こう三軒、両隣」、「昔は、隣近所で５軒、７軒、向こう３軒。親戚より近所が大事だ。悲しみ、喜び、災害時など、全部「ズシ」に頼っていた」

「ズシ」となる家々が一つの集団となり、その家集団を中心として、非常時の出来事があったときに、助け合う仕組みになっている。このつき合い関係は、それぞれの家によって異なり、多様である。通常、自宅を中心にして道でつながっている。自宅に近い数軒の家を「ズシ」にする。

「お葬式時に精進料理ができるように、皆が食材など必要な物を持ち寄っていた。「オオズシ」は道筋のお家にお米を持っていく場合もあり、他の人たち

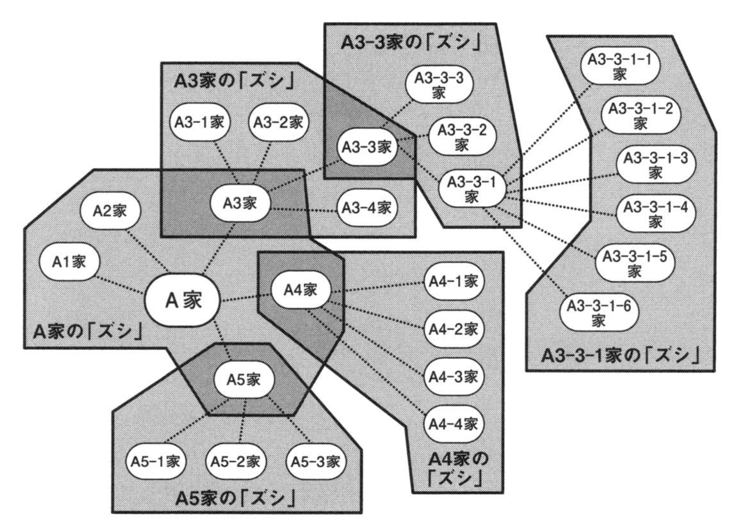

図２　「ズシ」の模式図

は、野菜などを持ち寄る。家によって、それぞれが持ち寄る食材などの品物が異なる」

他には、葬式時に棺桶を置く場所を掘る役や、花輪などの飾り役も「ズシ」が担っていた。

「針江では1958年（昭和33）頃まで土葬だった。その頃、霊柩車もなかった時代、すべてにおいて「ズシ」頼りだった。当時、葬式には少なくても６軒の家の助けが必要であった。その役割は、葬式時に寺から借りる道具の運搬役とされる「寺役」、棺桶を担ぐ役である「添輿（そえごし）」、穴を掘る役の「野役」であった。ズシの他に、近隣や仲間などの助けも必要だった。親が亡くなった時、その葬式では花輪の準備などを同年の仲間に頼んだり、同年同士で助け合ったりすることもあった」

また、自然災害時には、非常食のおにぎりを作ったり、皆のご飯や炊き出しなどを準備したりするなどの出役も行った。火事などの人為的災害時にも、「ズシ」が火事後の「灰かき」を行ったり、片づけを出役として行ったりした。

さらに、出産時の助産役などを担っていた。このように人手がいる出来事が生じた場合に率先して担うのが「ズシ」である。

「ズシ」の世帯は、若い家もいるが経験などが豊富な年配の家もいる。この「ズシ」は、誰でもなるわけではなく、結婚などのめでたい時には、子どものいない家が「ズシ」役をやってはいけないなどの決まりがある。

このような「ズシ」は、人びとに尊敬され大事にされている。例えば、めでたい結婚式時には「ズシ」と酒杯を交換したり皆に紹介したりするなど、昔から「ズシ」を大事にする慣習が受け継がれてきた。

「ズシ」は、このように家と家の連合によって結成される生活組織でもあるが、ズシ連合によって、家の数やつき合い方などが異なる。各家の事情や時間、場所、内容などによって相互に助け合う仕組みとなっている。

「ズシ」の語源については、まだまだ不明な点が多いが、高島市北部のマキノ町海津（かいづ）では、家と家の間の露地道を「ズシ」と呼んでいる。露地を中心につながり、道路に面した近隣という意味でこのように名づけているのかもしれないが、周辺地域にも組織としての「ズシ」があるのかどうかは、今後のテーマとしたい。

いずれにしろ、「ズシ」のような多様な生活組織は、まさしく「生活の中に網の目のように張りめぐらされている」仕組み（有賀，1968）であり、「成員の生活保障を全面的に担ってきた「家」」（有賀，1969）が、生産や生活における相互依存と協力の体制として「家連合」を継承する姿である。

このように存続しているさまざまな組織には、必ずしも「伝統的社会＝過去の社会」に戻す復古主義的な要素はなく、現代においても、黙々と人びとの生活を保障する最も重要な社会基盤的制度となっている。

4　地域コミュニティの力

針江におけるつき合い関係は、多層の生活組織に基づき形成されている。具体的には、①集落組織の柱となる年齢階梯性組織、②地域行事や人生行事を担う仲間型の社会組織、③日常と非日常を支える近所づきあい組織の実態とその役割をみてきた。

これらの重層的組織は、地域生活のあらゆるところまで支えている。たとえ社会生活上の危機に直面した場合も、いち早く「集まれる、話し合える、心配や不安を最小限にとどめる」潜在力をもつ。そのことは、針江のことを「「ちく」、「しゅうらく」や「ぶらく」でやることもよくある」とする人びとの談話の中からもうかがえる。そこには「むら」ではないものの、「むら的機能」を活用／継承していることが特徴的である。

組織と地域の力になりうるのかについては、次のような指摘を参照した。土屋俊幸は、地域力を次のように定義した。「①自治公民館活動、学区の活動、生活改善運動、お祭り、伝統芸能など、何らかの地域活動を活発に行った経験の蓄積」をもつ地域は、「②さまざまな年齢層、性別、目的のグループの存在」があり、そうしたグループを基盤として「③構成員による多様な合意形成の場の確保」が可能となる。そうしたことの結果として、さまざまな活動を柔軟に企画し、合意形成し、実行する「力」が生まれるのではないだろうか、と指摘している（土屋, 2007）。これを「地域力」と名づけられている。

本章で示した種々の組織から考えると、地域の力になりうる最も重要な要素は、日常・非日常を支える①「基盤的組織」、②「世代をつなぐ組織」が並存しているかどうかである。いわば、個々の組織として独立してその機能を果たしうるが、組織間の並存も重要なカギになると考える。これらの組織の並存は、地域を支える最も有力な社会関係資本としてとらえることが可能である。社会関係資本について、ロバート・パットナムは「調整された諸活動を活発にすることによって社会の効率性を改善できる、信頼、規範、ネットワークといった社会組織の特徴」（パットナム, 2001）と定義した。しかし、本章で確認した多様な生活組織は、単に信頼、規範、ネットワークの要素を備えているのに加えて、階梯型（年齢属性）、講や組型（機能的属性）、仲間型（つき合い属性）といった特徴をもつ。これによって、共的関係が重層的に結合し、地域を支える大きな力となっているといえよう。このような組織が生み出す重層的関係によって構築される地域の力を、ここでは「並存型社会関係資本」とみなしたい。この関係資本は、うまく作用すれば地域社会という輪の中が凸凹になったり、輪から一部が飛び出したりしない。逆にそれがう

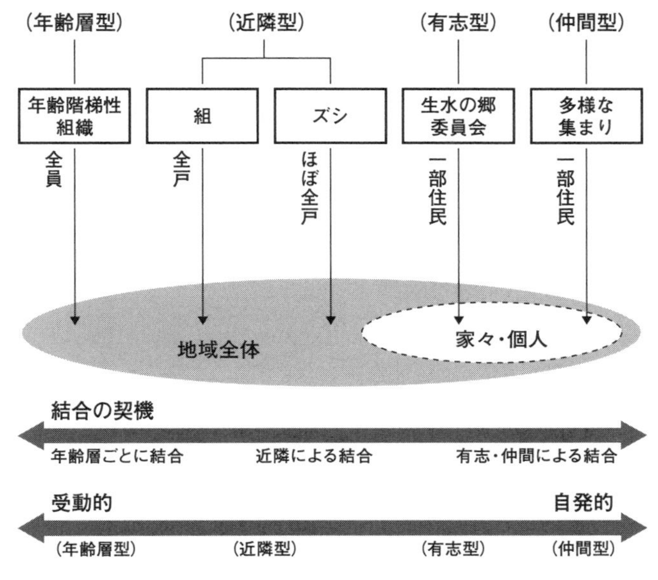

図３　地域社会における多様な組織の略図

まく進まないと、地域社会という輪の中から飛び出したりすると、問題解決に支障が出る可能性が大きい。この種の地域資本をどう並存し活用するかという視角から見直すと、これからの地域社会の問題解決の糸口が見えてくるかもしれない。

第 IV 部

東アジアの中の魚米の郷

——琵琶湖から太湖へ

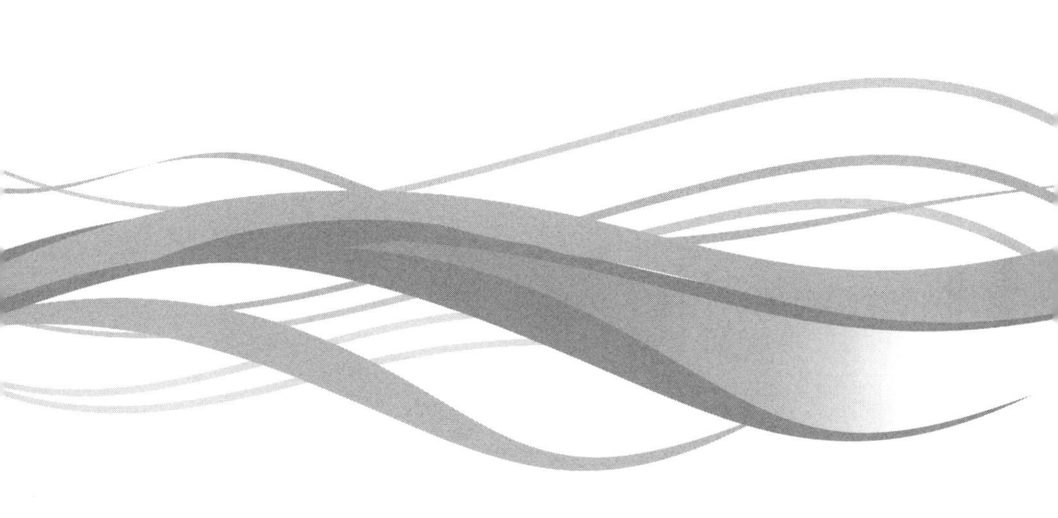

第1章

水と生活
──水上生活と陸上生活からみた自然との距離

琵琶湖と太湖
──「似ているようで似ていない？」「似ていないようで似ている？」

前章までは、琵琶湖辺の高島市針江地区を舞台に、水と生きる人びとの暮らしの営みをとらえるため、「水・漁・農」を題材として、詳細にモノグラフとして示してきた。琵琶湖辺の水辺暮らしを、東アジアモンスーン地域での他の地域と対照的にみるため、滋賀県立琵琶湖博物館では中国長江の中流部の洞庭湖と最下流部の太湖周辺を選び、比較研究を行い、企画展示を開催した。タイトルは「魚米（ぎょまい）の郷──太湖・洞庭湖と琵琶湖の水辺の暮らし」とし、2014年7月19日～11月24日まで約4か月間の企画展示を開催した（滋賀県立琵琶湖博物館，2014）。入場者は約3万人だった。

水と暮らしの展示コーナーでは、針江のカバタや川利用の情景写真や模型と江南地方の井戸や川を中心とした水辺の暮らしを並列に配置し、対照的展示を行った。

企画展示の見学や関連イベントの参加者からは、さまざまな思いが寄せられた。その中で、水をめぐる人びとの暮らしについては、次のような声が多く届いた。

「懐かしい。昔は家族赴任で江南地方に10年ほど住んでいた。こっちに戻ってきてからも旅行に何回か行った」「そうや、そうや。川が似ている。階段をつくってここでよく洗い物などをしていた」「昔はつるべを使っていた。これもいっしょだ」「昔は、飲み水もすべて川から。女性ばっかり集まって来る。洗い物をしながら、みんなでよくしゃべっていた」「水を使うのは、いっしょや」「よく見ないとどっちが江南か針江かわからないくらい」など。

「向こうでは、カワヤやカバタを使っているかい」「昔は民家の庭の真ん中に井戸があった。今でも残っていますか」「水が溢れだすとき、田んぼや湖辺、川での魚とりはいっしょだ」「水遊びはみんな楽しいね。どこでも同じだね」「道具は見た目がちょっと違うけど、中身は同じだね」「船に住むのか。昔は菅浦（長浜市西浅井町）あたりでちょっと泊まった船がいたらしいけど」「こっちでは田舟をよく使っていた。昔は木で作ったけど」

2014年の「魚米の郷」の企画展示のあと、居住者の暮らしの立場から水と生きることとは何か、というアジアの共通課題を考えるには、琵琶湖地域の特色をまずは鮮明にとらえることが大切であると考えた。そのため、水でつなぐ生活・生業に関する対照的展示の一部として、針江の水と暮らしの展示コーナーを設けた。「針江・生水の郷」と題した展示は、2016年に針江の人びとによって琵琶湖博物館展示室「新空間」において実現された。この展示では、生水の郷委員会の活動などの紹介や日本遺産・重要文化的景観に選定された「かばた文化」展示を開催した。展示会場では生水の郷の暮らしに関する多彩な話題で盛り上がり賑わっていた。この時のつながりが、本書の執筆の元資料となった。

琵琶湖地域で湖の保全政策の主流として「そこに住む人びと」の生活・生業の立場からの施策が広がったのは1980年代からである。これらの施策の源となった研究は、「生活環境主義」（鳥越・嘉田，1984）の発想があり、それに基づき政策実践が広がったといえる。特に1984年の世界湖沼会議では、「研究」「行政」「住民」という湖沼保全をめぐる三つの当事者が明示的に示され、その住民主体の中に、石けん運動のような環境活動を行う市民・住民と、日常生活場面の中で、湖辺に生業として深くかかわる多様な住民主体という、双方の人びとを意識的に環境政策の舞台に位置づけられるようになった。運動主体としての市民に加えて、生活主体としての住民という二つの位置づけを意識しながら複合的な市民・住民のあり方を環境政策の中に位置づけてきたのである。この動きは、嘉田らが1990年代に企画・提案し、建設された「琵琶湖博物館」のあり方にも意識的に取り入れられた（嘉田・大西，1986）。

写真１　滋賀県立琵琶湖博物館
企画展示の図録表紙

写真２　滋賀県立琵琶湖博物館の新空間にて
「針江・生水の郷」展示

具体的には琵琶湖博物館では石けん運動のような運動紹介とともに、「農村の暮らし」として冨江家の水利用場面の民家まるごと再現展示などで、生活者としての住民の環境認識と生活構造を意識的に展示した（嘉田・古川, 2004）。また博物館における研究分野も考古学や民俗学にプラスして「環境社会学」の分野を取り入れ、専門職としての学芸員枠をつくった。日本だけでなく、世界的にも地域博物館で「環境社会学」あるいは「社会学」分野の研究者枠をもつところはほとんどない。それは琵琶湖博物館の個性の一つといえるだろう。

一方、中国においても、生活・生業・生態・環境が一体となった豊かさをもつ地域政策目標を掲げ、2008年頃から「郷村（ごうそん）づくり」が重要施策として行われ始めた。この施策に基づき、2008年の太湖周辺・浙江（せっこう）省安吉（あんきつ）県モデル地域をはじめ、2013年には1146の農村地域づくりが選定され重点的かつ広範囲にわたり広められつつある（王, 2014）。計画や設計、立案などの際には、環境保全のみならず居住環境や暮らしにも積極に配慮し取り組むこととされている（柳, 2013；王, 2013；劉・周, 2015など）。これらの施策は、琵琶湖辺での上記の「生活環境主義」の発想とも大変近い政策実践といえる。

多様な水と暮らしを含む東アジア稲作地域の環境と生活・生業の関係は都

市化や産業化の進行にともない、現在大きく変わりつつある。その変貌とともに歩んできた地域社会が共通して経験しているのは、豊かな暮らしに向けての日々の生活の組み立て方である。その作法により蓄積される共通経験は、働きかけの実態と社会的仕組みの中から対照的にみることでとらえることができるだろう。特に長江流域における稲作社会の営みは、琵琶湖畔の針江と「似ているようで異なる」実態そのものも比較すべき研究テーマの入口といえよう。以下、具体的にその生活構造を見てみよう。

2　水上生活からみた水環境とその距離

長江(ちょうこう)下流域に位置する太湖は、京杭(けいこう)大運河をはじめ、無数の大小河川がめぐる水系の独特な景観となっている。水に沿って並ぶ家々は、「小橋流水、枕河人家」(小さな橋と水の流れ、川を枕にする民家)、「日の出に水を汲み、日の入りに水を洗い流す」と称され、長い年月を経て水と深い関わりの中で水郷独特の生活世界を成り立たせている。水路や川には数mごとに多くの洗い場が設けられており、今でも現役で使われているところがある。

太湖周辺の水辺には、水を境にその陸側に居住する陸上生活者のみならず、水上で暮らす水上生活者もいる。人びとは水辺に対するどのような働きかけによって、水辺暮らしを成り立たせているのか。陸上生活者からみた水辺と、水上生活者からみた水辺は、似ているようで異なるのだろうか。

太湖流域に暮らす漁民の構成は、大きく三つのパターンに分けられる。一つ目は、先祖代々にわたり太湖の湖辺や周辺河川に居住する「在地の漁民」である。二つ目は、近隣地域もしくは沿岸部の海での漁業従事者が清朝末期に太湖に「移住してきた漁民」である。三つ目は、1940年代以降に農業から漁業に転業した「農漁兼業」の人びとである(江蘇(こうそ)省太湖漁業生産管理委員会, 1986)。代々太湖で暮らしてきた専業漁民は、帆柱が七つある大型漁船で漁業を生業とする漁民と小型の漁具を用いて生計を立てる漁民によって構成される。太湖地域では湖や湖につながる川の上で家族とともに船を住居として暮

図１　無数の河川が張り巡らされる太湖周辺の水系　略図

写真３　町中には共同の洗い場が無数に点在する

らす人びとは、「連家船(れんかせん)漁民」と呼ばれている。1世帯もしくは2世帯、3世帯の家族で一つの船を本住居地として水上での生活・生業を営む。「連家船漁民」たちの暮らしは、陸上定住政策が実施される1970年代頃までは盛んであった。

このような人びとを民俗学的には「家船民」と呼んでいる。家船民とは、船を住居として漁業で生計を立てる海の漁民や陸上に居住する漁民も含まれる（浅川, 2003など）。ここで取り上げるのは、船を住居として湖や川の上で暮らす先祖代々の漁民である。陸上に居住する海の漁民とは区別するため、ここでは淡水域の水上で船を住居として家族で暮らす漁民を、「水上生活者」と呼ぶことにする。

水上生活者たちは、通常、川や湖を漁場として主にフナ、コイ、ソウギョ、レンギョ、アオウオ、エビなどを捕る漁撈を営んで生計を立てる。ここで取り上げるのはエリやモンドリなど、さまざまな小型の漁具を用いて漁撈を生業とする水上生活者である。日本では琵琶湖特有といわれるエリは「迷混陣」と呼ばれている。形態はほぼ同一で、琵琶湖のエリが中国から移入されたといえるかもしれないが、その伝播の歴史は解明されていない。その名称は、エリの中に入る魚がすぐ「迷子」になり、迷路のような仕組みであることに由来しているという。捕れた魚は、舟の上で干して保存したり、生のままで水辺の生け簀で飼ったり、魚市場に出したりする。

太湖周辺では、船を住居として川辺に停泊させながら、漁撈活動で生計を立てる水上生活者の戸数が激減している。例えば、無錫(むしゃく)市漁港(ぎょこう)村や呉塘(ごとう)村周辺の水域では、かつてエビ、魚などを捕る多くの水上生活者が暮らしていたが、1970年代半ば頃から徐々に減少してきている。その背景には、1960年代頃の「囲湖造田」（湖を囲い込み水田を造る）政策、そして1970年頃から始まった太湖の埋め立て工事や「陸上定住」政策がある。これにともない、居住空間は湖や川の上から陸上へと変わった。近年、湖の上で居住する水上生活者の姿は見られなくなった。川の上で暮らす水上生活者がわずかながら存在する。例えば、太湖北部にある竹山(ちくざん)というところには今でも水上生活者が暮らしている。無錫市呉塘村では、漁業を生業とした水上生活者は、2006年には約10戸が川の上で暮らしていたが、2016年にはその姿がみえなくなり、全

写真４　呉塘村周辺水域の川の上で暮らす水上生活者（2013年）

写真５　水上生活者の船から望む。捕れた魚やエビを水上生活者の船の上で干す（2013年）

写真６　水上生活者と陸上生活者の共同の井戸（2013年）

員陸上のむらに移住した。

呉塘村で40年にわたり年中水上で暮らした水上生活者たちは、次のように語った。

水上で暮らす人びとは、生活のすべてが湖や川の水に頼るしかなかった。川の上で暮らすには、80年代頃までは、飲み水はすべて湖水を樽(たる)に入れて利用していた。90年代に入ると湖水に加え、川辺にある共同井戸の水を利用するようになった。2000年代頃から飲料水は井戸の水に頼るようになっていた。ここ数年の間、川辺の地下水脈が著しく弱くなり、2012年頃から共同井戸には雨水をためて利用することが増えたという。

水上生活者たちは陸上の人びとの暮らしとの違いについて、次のように振り返る。

「私たち連家船漁民のすべては水にかかっている。水によって生きていくしかない。年がら年中ずっと水上に住まうが、漁撈では魚やエビの他に、水中のいろんなものを生活に使う。陸上の人たちが、水田や畑で生きていくのと大きく異なる。だが、時期や場所によるが、魚とトウモロコシ、青菜などを交換したり、夏には船や水辺の樹木の下で日をよけて、おしゃべりや将棋をしたりする。水上でも陸上でも、いろんなことで親しくなったりする」

水上生活者たちは日頃から生業以外に、川や湖の中にあるものを引き上げて田畑にまいたり、水上に停泊する船の近くの水を樽に入れて水辺の田畑にまいたりするという。

「湖へ行きやすい川辺で停泊したり定住したりする。90年代頃までにはみんながよく湖上で行き来したが、いまは川から川へ行き来することが多い。漁に出ない時や春先には泥、水草、藻などを集めたりして水田や畑へもっていくことは今もやっている。毎年肥料を引き上げるため、陸上のどの田畑にどのくらい必要かわかる」

田畑に必要な肥料である家畜の糞(ふん)や稲藁、泥や植物などの採取から田畑まで施す一連の作業は、農家の人たちの独自の仕事とされてきた。その意味で農家側からみると、「われわれ農家にとって肥料は最も肝心。毎年こんないい肥料を運んでくれているからね。水草は家畜の餌にもしている。水上生活者たちに助けられている」ということであった。逆に水上生活者側からすると、「泥や水草などは生活の一部。時には整理、時に除去するが、捨てるものではない。どこかで使ってもらわないと浪費だ」と語られている。このように水上生活者と農業者とは、水の中の資源でつながり、結ばれていることが明らかである。

水域の泥の利用は、最も早い時期から泥が壁の材料として利用されていたのが黄河流域だと言われている。1980年代までは、江南地方だけではなく北方地方でも泥の土壁が広く利用されていた。一般的には、壁の材料としても肥料にしても、泥に稲藁を混ぜて利用される。呉塘村においても、2000年代頃までには泥を使って家や小屋の壁の材料として利用する家があった。太湖周辺における泥の利用については、中国の民俗学者である高攀初に直接に聞き取りを実施した際に、自身の生活経験について次のようなことを語られた。「呉文化の中で磨き抜かれた知恵の中で、最も本源となるのは、川や湖などの泥や水、水中のものも捨てるものがなく、屎尿が肥料に利用されてきた。全部資源になり、物質循環の技である。船民たちが使った水も田畑へ。農民も船民もその関わりによって支えられてきた」。

川の水が溢れることについては、「川の上で数十年暮らしてきたが、水の溢れる時期、溢れ具合をよく知っているから問題はない。通常、川の状況をみて停泊地を決めていくのだ」という。「朝、漁に出る前に、木々の葉っぱのぶつかる音、舟の揺れ具合をみる。水が溢れているより、風をみて漁に出るかかどうか、行く場所を決める」という。水の溢れの強さということより、風の強さに困るということであった。

3 陸上生活者にとっての川とその形

川のほとりに住む人びとは、川や水路の水を、①飲用、②洗濯、③水運、④農耕、⑤防災、⑥漁撈、⑦遊び、⑧景観に利用して多様な生活様式を営んでいる。川に沿って形成されている太湖周辺の水郷のうち、例えば、南泉(なんせん)集

写真７　伝統的家屋と近代的建物の間の水路に設けられた「水上田畑」

落では、水道水が台所にくる2000年頃までには、生活用水のすべてを川の水に頼っていた。朝は川へ行き、自宅の台所で使うための水を樽に入れ汲み、午後に洗濯、夕方には農耕具などの洗い水を求めて再び川へ向かう。こうした、川と家の行き来の回数は数え切れなかった。

川は生活用水の確保のみならず、漁業資源の採取や養殖、植物栽培も行う場でもある。太湖周辺の川辺では、ヒシ、マコモ、セリ、ハスなどといった植物を栽培したり自然採取したりする。これらの植物は食材として利用され、食卓にも上がる。なかでは、ハスの実は食用や薬草として利用されるほか、ハスの葉で米を包み、蒸しチマキという伝統食にも使われる。ヒシやハスが生える下は魚類の休息・産卵の場所ともなる。

これらの植物を含めて多様な植物の力を駆使して、水質汚濁防止装置や川の生態系保全に役に立てようとする技術的取り組みが見られる。その装置の一つは、「水上田畑」とも呼ばれ、川や水路の上に浮かせた田畑のようなものである。

太湖周辺では現在も川や水路、池などの水域でヒシやセリ、ジュンサイ、オニバスなどの植物を栽培しているところがある。セリの中で、川や水路、田んぼの畔や浅瀬に自生するものは、現地では「野生セリ」とも呼ばれ、今も野菜として利用している。例えば、ヒシ栽培を題材にした民間舞踊まで継承されている無錫市の郊外地域では、主に四角菱と呼ばれるものを栽培している。1963年にヒシを栽培する池の面積が1,407畝（１畝は約６ａ）あり、1972年頃にヒシの栽培は激減し、1980代頃から、無錫市大浮、馬山などの水辺でヒシの栽培が回復してきた（無錫市水利史志編纂委員会，2008）。また、無錫市のヒシの栽培地のうち、最も有名な産地と言われているのは、大孫巷（現在の孫蒋村）である（無錫市水利史志編纂委員会，2008）。大孫巷は梁渓河という河のほとりに位置し、内湖のような水域が約27畝あり、そこでヒシを栽培する池で魚の養殖も行われている。ヒシの栽培とともに魚を飼うという栽培・養魚の形態は、無錫の他、蘇州、湖州など太湖周辺の湖辺や内湖、川などの水辺に多種多様に存在している。

3.1 「区分け」による川をめぐる利用慣習は女性の世界

川の水は、生活用水としての利用の他、栽培の場として利用される。川と生きる人びとにとって、よく使う水路のような小さい川は「内河」と呼ばれ、漁撈生業として利用する大きな川は「外河」と呼ばれている。「内河」は、日常的に水遊びや魚つかみ、生活用水として利用するのみならず、ヒシやミズセリといった植物を採取したり栽培したりする場である。

「内河」は、通常不特定多数の人、誰もが利用することができる。水中や植物への働きかけによって、むら独自の特色がみられる場合はしばしばある。例えば泰興市福沙村では、川辺に住む農家たちは、川を「区分け」して利用しているようにみえる。その中身を見ていくと、それぞれが違う生活世界を作り上げてきている。その詳細については、以下のようになっている。

泰興市福沙村の人びとは、毎年、川に自生するヒシの実のうちの一部だけを採取し、残りをそのまま川に残留させておくという。ヒシの採取の際に、実の大きい物をよい種として残しておけば、熟成した実が川に自ら落下する。次の年になると、ヒシの種を新たに植えなくてもヒシが自然に育つという。川の底に溜まった泥や葉っぱなどを引き上げて、畑の肥料や家畜の餌として利用する。

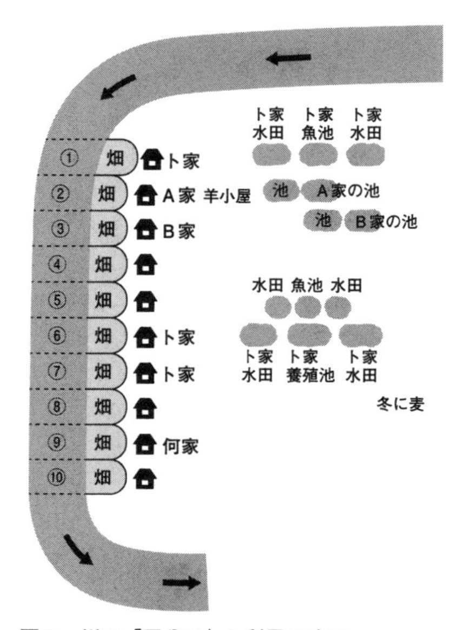

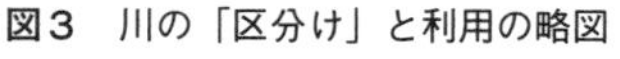
図3　川の「区分け」と利用の略図

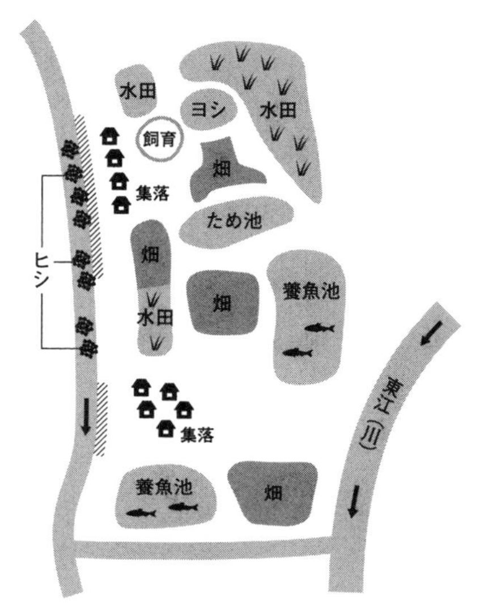

図2　泰興市福沙村の空間配置（一部）の略図

長年にわたり、ヒシを介して川との関わり方をみると、グループごとに独自の区域をもっていることがわかる。川辺の家々の数や配置によって、空間の範囲や広さが異なる。通常数軒ほどの農家によって一集合体として作られる。これらの農家集合体には、同一のむらに住む農家がいれば、近隣のむらの農家もいる。それぞれの集合体は独自のヒシ栽培の区域をもち、各自の区域でヒシを栽培するのが一般的となっている。このような川との関わり方は、一見して川が「区切り」とされているようにも見え、きちんとした利用の「ルール」が存在することによって維持されるという見方がされがちである。

しかし、農家の間では「必要な時に自由に採っていい。隣のムラの人が採りにくることもよくある。どこでもいつでも採ってもいい。いつでも、誰でも自由に採集してもいい」とのことだった。川や水は「みんなのもの、ヒシや魚、泥、その都度その都度に採った者のものだ」という。このことから、川にある資源の利用は、比較的自由な権利として広く与えられていることがわかる。その背景には、「皆、いつも自由にしているから、線引きなんか必要

写真８　川辺の畑の手入れをする農家女性（2015年）

写真９　水上での作業時に使用されている「イカダ」

写真10　ヒシやミズセリなどを採るさいに用いる「トン」

写真11　捕れた魚やもらった魚を家の前で干す（2015年）

もない。皆互いにわかっているから」という。

3.2　コモンズ環境をより自由で開放的にするための工夫

資源の利用と管理の主体を分けて考えると、その特徴が顕著である。川をめぐる利用主体と管理主体の関係については、次のような特徴がみられる。

利用主体が不特定多様であることに対して、管理主体は固定的である。この場合、川辺の家々は、利用主体であると同時に管理主体でもある。しかし、管理主体以外の利用主体は、管理主体にはなれない。つまり、利用主体の中には管理主体が内包され、管理主体はいつでも利用主体であることに対して、利用主体は必ずしも管理主体にはなれない。区分けされた川ごとに、管理主体となっているのは、十数軒の農家によって形成される複数の住民グループであった。その中で、「ヒシを取りに行くのも、栽培するのも、種の選別も、ヒシの茎や葉を引き上げるのも、ほとんど農家女性たちだ。実際に川の主人は私たちだ」という。

川をめぐる資源の利用と管理上の特徴としてとらえるならば、自由度の高い利用主体に対して、独占的管理権をもつ主体は、川辺に住み、川辺の畑をもち、それらの利用も管理も継続できる農家女性たちの連合である。

川の利用は自由で無制限であるものの、川の共同管理を担っているのは、川辺に居住する農家集合体となっている。その背景は次の語りからうかがえる。

「同じ村であろうと、異なる村であろうと、近隣に居住することや水や植物、出来事などでつながっている。つき合いの延長線上にある」という。また、「川に沿って暮らしができ、村を作る。頻繁に訪れる人びとのうち、実際に川の近くや家や畑、田んぼ、村行事などでつながっている人たちがほとんど」。「川に沿って川辺の居住距離上の近隣。川に関わりのある農家や近隣の村々。村を境界にしているのではなく、川を界に、川の利用を界にしている」。

このことからは、川を広く利用できるのは、川との距離や関わり上の理由で許容されるものであった。これによって成り立った権利を、ここでは「近隣権」（距離上のみならず、社会関係を含む）と呼びたい。一方、資源を管理する権利とは、水辺畑やヒシの根っこの引き上げや種残しの選別などを含めての「半栽培」的管理や水底の泥のかき上げなどで、川を管理するのは、一部の村人のみに限定され独占されている。このことから、事実上は、資源を含む川の管理権は地域独占的な形となっている。この管理にみられた働きかけかたをここで「独占的管理権」と呼んでおきたい。

川をめぐる利用上の実質的近隣権と管理上の独占権に合わせて、資源を占用する際に生じた所有観上の二重性が存在している。この二重性を含めて、川における資源を共同占用する権利をここでは「総有権」としてとらえることができるであろう。

ここで取り上げる事例地においては、川をめぐる土地を所有・処分する際に生じたものではなく、資源を利用・管理する際に生じた総有である。なかでも、上述した資源を占用する際に生じた重層性の他に、特にヒシをめぐる水中・水底の管理に関しては、限定的で独占的なものであった。それは、ヒシの「栽培・半栽培」を行うことを可能とする主体は、川辺に居住する農家の連合であり、とりわけ、主に農家女性層である。その管理権の行使においては決まった慣習が存在する。その一つは、ヒシをめぐる管理権を辞める際に、近隣の農家の照会（容認を含む）を行うことが慣例となっている。特に管理権の譲渡を行う際には、主な管理主体として許容されるのは、家族内の女性や近隣の農家女性となっている。

一方、このむらにおける伝統的水系に対する「総有」は、川辺の農家を多様な資源に関連づけ、川に対する重層的な働きかけを調整する役割を果たしている。その結果、川は「誰でも使いやすい」、より自由度の高い共有環境になっている。そのような活動の中で、生活の必要によって、ヒシ資源を活用する仕組みが維持されていることがわかる。所有や処分ではなく、生活の必要を重視した資源利用は、日本社会での共同体内での総有概念にも近いといえる。

川の資源利用や管理は、一見して散在しているようにみえるかもしれない。しかしながら、ヒシのような特定的な関わりや経験が必要とされる資源への働きかけのありかたを考えると、川を介した利用主体と管理主体との関係は

「分離しつつ癒着」していることが確認できた。

3.3　利用権を広く許容する水辺の農村社会と女性による管理 ———

では、なぜ農家女性が管理主体として行わなくてはならない状況に置かれたのだろうか。この点について住民たちの思いの中からは、以下の「生活」「副業」「覚悟」の三つに分けて、川をめぐる関わりのサイクルで整理ができる。

1点目は、川辺は女性たちの固有の生活空間であり、川を介したある種の女性特有の文化的権利として定着していることであった。「水汲み、野菜洗いや炊事、洗濯など、川辺はもともと女性たちのものだ」、また「夏でも日常茶飯時や仕事の合間でも皆がここでいろんな相談もする」、「川辺をよくしないとむらの女性陣が怠けていると思われる」、そして「ヒシを育てて皆が使えるし、近隣づき合いもできる」と住民は語る。

2点目は、副業の場として農家女性たちにとって必要不可欠であった。「ミズセリやジュンサイは何もしなくて育ち具合がよい。ヒシはたくさん生えると実が小さくなるので、次の年に水中に残すには良い種がとれない。状況によって茎を取り除いたり種を多く引き上げたりすることもある」。「ここでいろんな植物が採れて旬の時期によく売れるし、普段でもみんながよく食べるものだ」。

3点目は、川との関係性は「覚悟」と「自信」をともなうものであった。「他の人たちに任せると、たとえ今はよいヒシができたとしても数年後はヒシが消えてしまったり、川が荒れたりすると困る。あとのことを覚悟しないと長続きしない」。「女性たちの副業として代々やってきて、水にも植物にも慣れていてよく知っているから」。このような水と生きる農家女性の連合による資源への働きかけのしかたは、生活や副業の側面からのみならず、「覚悟と自信」がともなうものとして継続されるものであった。

このような川と関わりの深い農村社会においては、女性集団による総有観が色濃く残っていることがうかがえる。川と人の関わりのサイクルは、川や池、湖などの水域と生きる地域においては、ヒシの他に、マコモ、ハスの実などの植物を食材として食用する慣習が根づいていることからでもある。水辺は農村社会にとって「菜園的小農」の場ともなっている。生活と生産にかけあわせた暮らしの実態に息づく小農型働きかけは、水郷における総有関係の仕組みの一つとしてみることが可能であろう。

これまでの中国村落共同体研究のうち、華北農村においては、村落共同体が存在しないという見方や議論が盛んに行われている（旗田，1973）。旗田は、落ち葉拾いや資源の採取に関して、本村人と外村人の区別をせずに自由に採取することが許され、村外者に対して排他的ではないことから、村落共同体を見出すことが困難と論じている（旗田，1973）。この点においては、資源の利用を中心とする共同体の有無についての議論として大いに参考となる。一方、川をめぐる資源の利用と管理に分けて考えてみると、異なる特徴がみられた。事例地の居住民が総有しているのは、川（川の水、泥、食用植物）であるが、ヒシの栽培・半栽培をめぐる管理の側面からみると、川に寄り添う農家が主役となり、実際の担い手は農家女性たちであった。共同体の存在は、資源の利用と管理を分けて考えると、生活や生業上の必要性により、「変動」したり、見えにくい構造になったりするものであり、実に重層的なものとなっている。農村における共同体的働きかけのしかたをとらえるには、その様態の中からとらえていく必要があろう。「小農型」の働きかけのしかたの側面からみる「共同体」については、今後の課題として残しておきたい。

特に日本との比較においては、以下の２点を今後検討する必要がある。例えば針江との比較を考える時に重要な点は、所有をめぐる村落共同体の境界の意味をめぐる歴史的背景である。日本では、針江をはじめ琵琶湖周辺の村むらでも共通であるが、江戸初期になされた村落共同体の地理的範囲を確定する「村切り」が、明治時代を経て、現在まで明確に維持されている。この村切りは、森林や農地だけでなく、水中にも延長され、例えば琵琶湖辺でエリという定置漁具を立てる場合には、その水域がどの村に帰属するのか、現代でも厳密に強固に意識され、漁業協同組合のテリトリーとなり、共同漁業権の許可根拠となっている。

２点目は、日本の江戸時代の村落共同体には、村落全体が年貢を納付する責任母体である「年貢村請（むらうけ）制度」が広く行き渡っていた。明治時代以降、地租などの納税母体は、各世帯として個別化されたが、今も、水や森林資源や、漁業資源などの自然利用をめぐっては、村落共同体全体としての責任が意識される場合が多く、それが水中利用にまで広がっている。村落共同体がもつ総有的権利母体の強さと、中国太湖周辺での所有権や利用権の比較は、土地制度の違いや、個人所有を認める程度が日本と異なる中国の土地所有制度の場合の構造的問題などを要因とした今後の比較研究のテーマとなるであろう。

そして改めて、現代のグローバル化する資本主義社会の中で、このような小さな水辺社会の自然の利用と保全、管理をめぐる仕組みには、未来をみすえた「持続可能性」が隠されていることがわかるだろう。

実は、自然資源の所有と管理をめぐってはHardinによる「共有地の悲劇」論文以来、環境社会学や農業経済学の分野で国際的な議論がなされてきた。共有資源管理のルールを国際的にみて、2009年、アメリカの共有資源研究者のOstromがノーベル経済学賞を受けた。そのOstromが参考にした事例には、日本の村落共同体での森林や河川、海などの共有地の利用管理も含まれている。共有資源の保全管理はHardinが言うような「国家」か「市場」かの二つしかないという流れの中で、Ostromは共有資源の保全管理のため第三の方法として、当事者によるセルフガバナンス（自主統治）の可能性を示したのである（Ostrom,E., 1990）。Ostromは、共有資源の長期存立条件として次の８点を示した。すなわち①境界の明確性、②利用ルールの調和性、③ルール設定への参加性、④モニタリングの存在、⑤柔軟な罰則、⑥調整メカニズム、⑦主体性、⑧組織の入れ子状性の８条項であるが、太湖周辺の河川や内湖の利用と管理をみると、少なくとも、①から⑧のかなりの要素が含まれていることがわかるだろう。

この点については、また最後の章で改めて、再考したい。

第2章

水と生業
――資源の循環からみる生業複合

1 子どもも歩くより前に水に慣れることが大切

琵琶湖周辺の「近江八景」のように、「瀟湘（しょうしょう）八景」がある洞庭湖は、詩人の范仲淹（はんちゅうえん）や杜甫（とほ）をはじめ、多くの詩人や人文墨客が訪ね、数々の詩歌の場所として知られている。琵琶湖での近江八景の原型が「瀟湘八景」であるともいわれている。

洞庭湖は水位変動の最も激しい湖である。その水位は季節によって大きく変わり、最大で10mほども変動し、湖岸の堤防を越えることもある。このような水辺に居住する人びとは、水位変動によって溢れ出す水をいかに巧みに利用することができるのかを切磋琢磨して競い合いながら経験を共有してきた。その中から、溢れる「水に慣れる」経験の積み重ねには、より固有の生活文化として形成されていくものもある。例えば、魚との関わり方においても、溢れる水への「馴染み」がみられるものがある。その作法は、重労働の投下なしで魚を捕ることのみならず、魚を飼育することもできることから「のんきな魚とり」と呼ばれ、農家の大人のみならず、子どもの遊びとしてもよく知られている。雨が降る前日や雨季の期間内に湖辺や湖につなぐ水路に網を張っておくと、溢れ出す水の勢いや水の流れといった水の力によって運ばれてくる魚をとる。逆に水が引いていくところに網やモンドリ、籠などを取りつけておくことで、水溜まりに残留した魚を飼い慣らしてから、養殖池や水路に放したり飼ったりする。人びとは水の流れや溢れの具合を巧みに利用するとともに、魚とりにも水の力にも慣れていく巧みな「技」を蓄積してい

写真１　興化市の「シマバタケ」

写真２　「シマバタケ」の近くで孫たちと水遊び

るのである。

上の記述は、水位変動の激しい長江中流部の洞庭湖であるが、水位変動の激しくない長江下流域に位置する江南地方の人びとも、水遊びや魚とりなどで同様の経験をしてきた。江南水郷のまちなみには、水によって形成される生活や生業の独自の姿があった。例えば、長江下流の三角州地域に位置する江蘇省興化（こうか）市は、南は江都（こうと）（揚州（ようしゅう）市の市轄区）と隣り合って、西は高郵（こうゆう）市と接する。興化市には、林湖郷南蕩古文化遺跡の発掘によると、6000年前の新石器時代も人びとが居住していたと伝えられ、遺跡や江蘇省級、市級の文化財が数多く登録されている。古くからは「魚米の郷」とも知られている興化市では、川や水路が交差し、田畑は水上に浮く島のようで、「シマバタケ」（「千垛田（せんだでん）」）と呼ばれる複合生業が営まれている。2013年、興化における伝統的複合農業は、中国重要農業文化遺産に選定され、さらに2014年には世界農業遺産に登録された。

「シマバタケ」は、春には菜の花畑、夏には夏野菜など、時期によって栽培種類が異なり、その周辺の水路にはヒシやセリの栽培に合わせて魚などを飼う。農作業には、小船で無数の小島のような田畑の間を行き来する。ここでの暮らしは、「歩くことより、水に慣れることが先だ。３歳前後から水遊びをする。小さい頃から水に慣れないと、生きていけない」とのことであった。

2　溢れる水を活かす水田づくりと食用植物との複合農業

江南地方の稲作農業は、一般に米づくりを中心とした「単作型水田」としてとらえられがちである。しかし、米づくりと同時に、洪水時に溢れる水を巧みにコントロールし、多様な農水産物の収穫を可能にする複合農業は、古代から江南の稲作社会を支えてきた（劉, 2004 ; Qin, 2006など）。例えば、河姆渡遺跡と跨湖橋遺跡における遺物の分析では、ヒシなども出土し、多くの食用植物が利用されたことが明らかとなった（Qin, 2006）。

このような複合農業がいつから始まったのかについて、槙林啓介は、「新石器時代の早い段階に養魚を行っていることが明らかになってきた」としている。また「従来、灌漑稲作が成立し、水田区画と用水路をうまく利用して養魚を行う」ようになったとされ、「水田漁撈を通して養魚も成立していくことが想定されていましたが、養魚もまた稲作の始まりの時期と同じか、もしくはさらに古い時期にすでに存在していた可能性が出てきたのです」と指摘している（槙林，2014）。

宋代以降、「圩田（うでん）」と呼ばれる稲作農業が発達してきたと言われている。圩田とは、低湿地、沼地、窪地あるいは湖や河川の水辺において、もとの地形を活かして畔で囲い込み、排水・用水の仕組みによって稲作栽培を可能とした農地である。かつて、湖辺や川のほとりは、水量が不安定で頻繁に洪水にみまわれ、農業の被害がたびたび発生するリスクがあった。人びとは、土地を堤で輪中状に囲い、その外側に水路をめぐらした。その堤の内側に稲を植えられるように泥などをかさ上げし、多くの溝や小さな用排水兼用の水路が設けられた。圩田は、用排水をコントロールすることが可能となった。このような水田の周りには、溢れる水を池や水路に閉じ込めて池が作られ、田んぼや池では魚が飼われ、それとともに水路や田んぼの周辺のヒシやセリなどの植物の栽培・採取に合わせた複合農業の姿があった。

このような農業の営みは、一見して多様な資源同士の関連が薄いと考えられがちである。長江流域の農業形態からみると、針江のシルタと同様に水が溢れる太湖周辺の土地柄においても、最も重要なのは、土づくりと水のコントロールである。定期的に川や湖などの水域の泥や水草と稲藁などを用いて土づくりがなされなければ農業の維持ができない。それに加えて、水をいかに巧みに活かすることができるかが重要となってくる。農家は、穏やかな水の他、湖や河川などの水が増す前後の対応からも逃れられない。水が増す前に、水田に泥水を留めるため、その周りに畔を作り窪地を作っておく。増水時には水の流れによって大量の泥を運んでくる。水が引いた後に水田や水路には泥が溜まる。水の流れを巧みにコントロールすることで、泥水を灌漑用水として利用できると同時に肥料や土づくりにも利用される。溢れる水の力を巧みに利用することによって作られた田んぼは、現地では「チョウダ」（潮田）とも呼ばれている。言い換えると、このような水辺の水位上昇や溢水（いっすい）、洪水は決して水害ではなく、水位上昇という自然の力を活用して水田を増やし、また肥料という資源導入を図っていた、とも解釈される。

実は琵琶湖辺でも琵琶湖の水位上昇はゆっくりとしたもので、地元では「水込み」とよばれ、堤防が破堤する時のような破壊力はなかった。それゆえ、じわじわと上がってくる水込みは、同時に入ってくる魚つかみの機会となり、またあとには肥料となる泥が残され、今でいう水害という認識はなかったのだ。この点については針江のところでも詳しく紹介したが、琵琶湖辺と太湖辺での共通の、溢れる水、洪水への対処の仕方といえるだろう。溢れる水を水害にしない、逆に水位が上がる時には、魚も同時に上がってくる、という複合的な水域の価値に柔軟に対応する仕組みと意識は、琵琶湖辺と長江流域での共通性として、大きな発見といえるだろう。

3　養魚と多種栽培の生業複合
――「水田養魚」システム

水位の上昇の利用とあわせて、太湖周辺での水辺利用をめぐる資源の循環的利用は、これまで人類が到達した資源循環の中でも最も精緻なものの一つだろう。それは「水田養魚」である。水田養魚と呼ばれる生業複合の典型的な特徴の一つは、水の利便性を最大限に活かし、多様な資源間の相乗効果を図ることで、米づくりとともに養魚もできる工夫である。養魚と水田との関係の側面からみると、大きく二つのパターンに分けられる。一つは、稲の栽培と養殖を分ける「分離型水田養魚」の形態である。このパターンは米を育てる水田に隣接する多様な池で魚を飼い、その周辺の水域で魚の移動が許容されるものである。もう一つは、稲の栽培と養殖を分けない「同所型水田養魚」の形態である。このパターンは、水田の中で米と魚とともに育ち、周辺水域で魚の移動が許容されない形態である。

まず、稲の栽培と養殖の場所を分ける「分離型水田養魚」についてみてみよう。長江下流域クリーク地帯の高郵市竜虬（りゅうきゅう）鎮には大小異なる池や川など

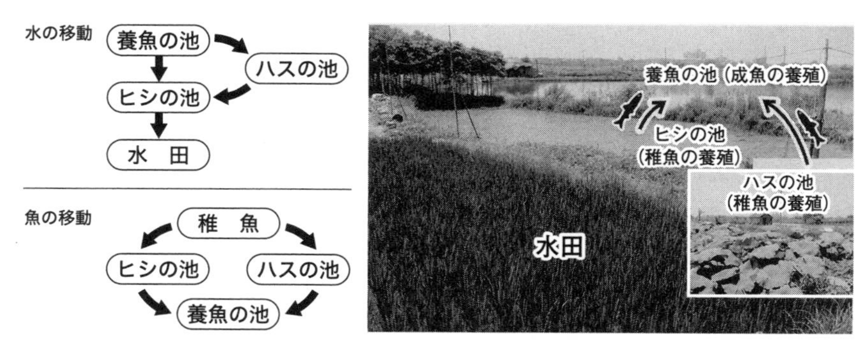

図1　「分離型水田養魚」の略図（稲の栽培と魚の養殖・飼育の分離）

が多く点在し、水の流れに沿って農業風景が形成されている。

長年にわたり水田養魚を行ってきた農家の人たちは、以下のように教えてくれた。「ヒシやハスは毎年植えたものではなく、種が池に落ちるので、あるいは良い種（実）を採らずにそのまま残すことで、次の年になると自然に生えてくる。ヒシの実もハスの実も人間が食用し、ヒシの葉は魚の餌、ハスの葉は家畜類の餌になる。夏に収穫したヒシの実を生でもゆでて焼いて食べてもよい。ジャガイモのような味」。

ヒシやハスの池は魚にとっても好まれる場所であるという。「夏には、魚も暑がりのため、ヒシの葉の下に隠れることを好む。冬、ヒシのあるところは水温がやや高いので、魚が育ちやすい。魚はヒシやハスの池で稚魚を育て、成魚になると養殖池へ移して育てる。魚は、池で飼うのが基本だが、水の流れに乗って池や水路から水田までたどり着き、そこで暮らす魚もいる」。水田は、「魚を養殖するためのメインな場所としてではなく、水の流れに乗って逃げだす魚が池から水路を経て行き来で暮らせる」場所であった。

水は養殖池からハスの池を経て、水田へと流れていく。水田が水を必要とした時だけ、養殖の池から水を利用する。池から水を引き入れて水田まで流す細い水路があり、水の流れを調整するための開け閉めができる分水口がある。これによって、養魚、ハスやヒシの栽培、米作りのための水が適宜調整されていく。水田の肥料は、ヒシやハスの葉茎と養魚池の底泥をすくい上げたものが利用される。

そこで暮らす農家の人たちは、窪地の底泥を引き上げ、水を溜めて池をつくり、そこでヒシやハスなどの植物を栽培したり稚魚を飼ったり、養殖池で成魚を飼ったりする。これらの植物栽培と養魚に合わせて、余分の水や泥を水田用水や水田肥料として利用し米をつくる。それによって多種多様な栽培形態に合わせて、養魚も維持される。これらは、水の流れをコントロールしながら、植物と生き物間の相乗効果を図ることで、稲の栽培やヒシやハスの「半栽培」と池での養魚との、３点セットで成り立つ生業複合の仕組みとなっている。

ここでいう「分離型水田養魚」とは、稲が育つ水田で直接に大量の魚を養殖せず、水田のまわりに魚の養殖に適するヒシやハスの池や専用養殖の池を作ることで、「稲の栽培の場＝水田」と「魚の養殖の場と多種な植物の栽培の場＝多様な池」（稚魚と成魚が暮らす場や水路を含む）を分離するものである。魚の養殖の場を厳密にみると、稚魚を飼い慣らすヒシやハスの池（飼い慣らす場）と成魚の飼育の池（飼育の場）をさらに分離させる、「２重の分離ともいえる」仕組みとなっている。そこには、「稲の栽培＝水田」と「ヒシやハスなどの半栽培＝食用植物の池」と「成魚を飼育する池」と分離させつつ、植物や魚、水や泥などの資源間の循環を図ることで成り立つものである。そこから人と植物、魚の関係をみてみると、人間は米の栽培、ヒシやハスの半栽培と魚の養殖との、３点セットで行いつつ、池や水路の中で稚魚や成魚の移動や飼育を意図的に許容する形態をとっている。

一方、稲の栽培と養殖を分けない「同所型水田養魚」については、クリーク地帯ではなく、里山や川がある地理的条件を活かした生業複合の形態として取り上げてみたい。

世界農業遺産に登録された浙江（せっこう）省麗水（れいすい）市青田（せいでん）県では、伝統的農法として水田で米づくりとともに魚の養殖が行われている。ここでの水田養魚の始まりは、農家の人たちが川の水を水田用水として引き込むときに、川の魚がまぎれて水田に入り込んで自然に成長したことからだったという。稲株は魚に日除けを提供すると同時に、餌となるプランクトンや小動物の住処となる。

魚を水田に放流する前に、泥と稲藁を混ぜて水田の畦をつくり、そこに魚

写真３　青田県の同所型の水田養魚

の餌や水田の肥料になるような植物を植えたりする。高さが50～60㎝の竹や樹の枝で水田の出入口にしかけておく。魚の病気を抑制するために、水田の水温が10℃以上になると、稲藁、草、枝などを焼いて残った灰を水田に撒き消毒する。６ａの水田に280～350匹のコイ科の稚魚を放流することもあったという。稚魚が成魚まで成長するには約２年かかる。稚魚と成魚が互いを傷つけないよう、通常は稚魚と成魚を別々の水田で育てる。魚の餌となるのは、食べ残しの残飯や米糠の他、害虫や雑草、プランクトンである。魚の糞はそのまま水田の肥料となる。魚が水田の中であちこちに泳ぎまわり、底泥をかきまぜることで、「稲にもよし、魚にもよし」という。養魚や水田雑草の抑制、害虫予防のため、２月末頃に水田に水を張っておく。

このように人びとは、長い時間を経て、川の魚を水田環境に「馴れる」段階から「半養殖」段階へ、そして今日の「養殖」の姿まで進み、稲と魚との共生システムを形成させてきた。

琵琶湖周辺の「魚のゆりかご水田」は、ここでいう「同所型水田養魚」と共通性が高いが、琵琶湖辺の場合には、魚の自然生息域である琵琶湖から産卵のために水田に入ってくる親魚を誘導して、稚魚を産み落としてもらい、成長したあと稚魚は琵琶湖に戻るのである。青田県の水田養魚は、魚を放流することが必要であり、日本で言うと、新潟県や長野県での水田養鯉（ようり）と近いだろう。

養蚕と養魚の生業複合
――「桑基魚塘」システム

「桑基魚塘」とは、中国・珠江デルタや長江中下流域において堤に養蚕用の桑を植え、池で魚を飼うことである。桑の葉で蚕を養い、蚕の糞が魚の餌となり、魚の糞は池底の泥となる。その泥をすくい上げて桑畑の肥料とする、という循環的農法である。この生業複合システムの原型は、もともと「桑基圩田」と呼ばれ、排水が悪い土地状態を改善するため、低湿地に土を掘り上げ、畔を作り、その畔に桑を植えるものであった。その後、春秋時代になると、水田や水域の周辺に、溜まった水で魚の養殖を行う「魚塘」（魚の池）が数多く出現したといわれている。「桑基魚塘」の初期段階には、「桑基圩田」（水田の畔に桑を植えるシステム）と「魚塘養魚」（池で魚を養殖するシステム）が個別に出現したとされている。そして、三国両晋から唐宋にかけて、徐々に「桑基魚塘」農業が発展してきたのである（雷, 2018）。このような農業の始まりは、もともと排水の悪い土地条件に対応したものである。養蚕では、蚕が桑を食したあとの糞尿が出される。この蚕の排出物は栄養価が高く、養魚池の貴重な有機肥料として利用される。

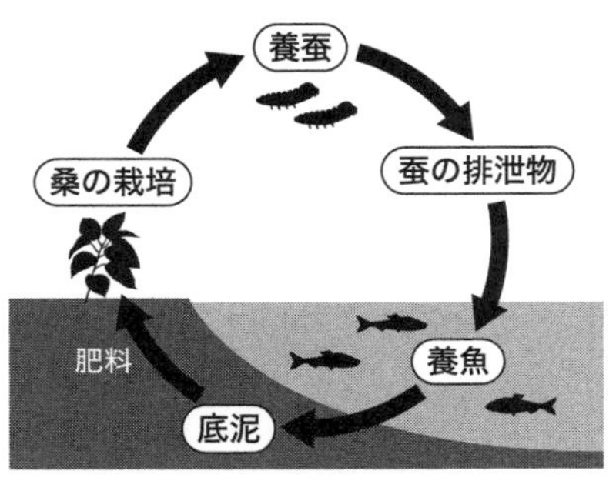

図2　桑基魚塘の物質循環の略図

このような生業複合は、太湖周辺のデルタ地帯にある浙江省湖州市荻港村では、今でも継続されている。浙江省文物管理委員会によると、この村の周辺にある銭山漾遺跡からは、厚い桑地があり、「千篰」という木製品が出土している。「千篰」は、水を汲んだり川泥をすくい上げたりするための道具として利用されていた（浙江省文物管理委員会, 1960）。この道具の使い方は、針江や琵琶湖周辺で泥や藻などを引き上げるためのものと同じだがその形が異なる。「千篰」の取っ手の部分は長く、船に乗って草や泥などを引き上げるためにも使われるという。

荻港村における「桑基魚塘」システムは、多様な資源と深い関わりをもっている。農家の人たちは、「桑基魚塘」を維持するには、稲藁や家畜の糞や泥を用いるほか、貝殻を田畑の肥料としても利用している。そのため、農家の人たちは周辺の水域で貝（巻き貝）を採取したり、太湖の漁民と貝殻を交換したりする。

桑は「捨てるところがない」というほど、そのすべてが資源として利用される。桑の根は、漢方薬に、葉は人間と蚕の食材、枝の皮は製紙の材料、桑の木に生える黒いキクラゲは食材として利用される。稲藁は蚕のねぐらになる。

一方、琵琶湖周辺でも養蚕は江戸時代から明治、大正、昭和の時代に積極的になされていた。中国、長江流域周辺では、蚕のことを愛称で「蚕児」あるいは「蚕宝宝（ツァンバオバオ）」（宝宝とは可愛らしさや大切さを意味する）と呼び、大事にされてきた。日本でも「おかいこさん」と呼ばれ、子ども並みに大事にされていた。滋賀県で養蚕が最も盛んに行われたのは湖北と湖西、琵琶湖北部である。湖北の養蚕は農家の副業として発展し、長浜縮緬（ちりめん）という地場産業に素材提供をして、地域を支えてきたが、昭和初期以降の化学繊維業の発展などをきっかけに衰退した。高島市における養蚕業については、『高島郡誌』によると、明治時代中頃から桑園の発達とともに高島郡農会による生糸生産の推奨が進み、各市町村に技術員の飼育指導が行われ、農家が養蚕にかかわっていた。特に養蚕が盛んだったのは、西庄（にししょう）村・百瀬（ももせ）村（マキノ町）、川上（かわかみ）村（今津町）、本庄（ほんじょう）村（安曇川町）で、生糸の生産が行われていたことが記されている（高島郡教育委員会，1974）。

実は、資源循環的にみると、琵琶湖辺でも中国の長江流域のように、湖辺や河川など水辺での桑畑利用はかなり高度化されていた。桑木の栽培は特に多量の肥料を必要とする。それゆえ、湖辺や河川など水辺での桑畑づくりは水中栄養分とセットであった。例えば長浜市祇園（ぎおん）地域では、琵琶湖から揚げた底泥や水草を桑畑に入れ、少しでも高くして、養蚕用の桑を栽培していたという。中国江南地方のように養蚕後の糞や尿などを養殖池に戻すという行為はみられなかったが、養蚕後の糞や尿を、桑畑や野菜畑や水田に戻すという循環は日常的に行われており、養蚕を介した栄養分利用といえるだろう。

写真４　漁撈体験や環境学習を行う子どもたち（湖州市荻港村）

写真５　水遊びを体験する子どもたち（湖州市荻港村）

写真６　桑基魚塘の体験や観察をする小学生たち（湖州市荻港村）

湖州市荻港村では、かつてに比べて養蚕農家が激減してきているが、現在も養蚕、桑栽培、水田、養魚といった複合的農業を継続している農家がある。荻港展示室においては、養蚕と水田農業に関する展示を通して交流活動が実施されている。近年、盛んに行われているのは、子どもたちを対象とした生業体験や環境学習である。これらの活動は、「次の世代に知ってほしい」という村人の思いのもと、農家や有志たちが学校と連携して、実施されている。

5　生業複合にみる循環システム

太湖の湖辺や川辺は、もともと低湿地の土地柄で、水溜まりや窪地など「荒地」と呼ばれる土地形態であった。人びとは、これらの土地の特徴を活かして、水田稲作とともに魚や蚕の養殖やヒシや桑などの栽培を通じて複合的生業を営んできた。人と資源の関わりの中で、長い年月を経て水辺への働きかけの仕組みを巧みに作り上げてきたのが水田養魚システムや桑基魚塘システムとよばれる生業複合である。

このような生業複合は、陸側の農村に居住する農家の生業となっていた。しかしながら、太湖の湖辺や湖に流入する川辺には、水辺を境にその陸側には農村や漁村が集中し、水上には漁業を生業とする水上生活者たちが暮らしている。陸上のむらと水上のむらの交流は、生活資材の物質交換を通じて行われてきた。例えば、桑基魚塘を営む湖州市荻港村においても、桑基魚塘における循環は、多様な自然資源の循環を通して、陸上の人びと水上生活の人びととの関わりが広く深いものであった。

「昔はみんな、船民（水上生活者の漁民）たちが使い終わった貝殻を土の肥料にしていた。貝殻を桑の畔用土にすると桑も蚕もよく育った。当時、農家はみんなが緑肥（自然資源を原料とした肥料）をつくっていた。泥や藻などの水草、稲藁を混ぜて土の肥料にするもので、農家には船もなく水の中のものを採れないため、船民たちに頼んで運んでもらった。これは90年代まで続いていた。船民たちは水上であちこち移動するから、肥料を運ぶには決まった船民グ

写真７　太湖で貝採りをする夫婦は「貝殻は農家に供給する」と言っていた（1986年８月、撮影：嘉田由紀子）

ループがいることもあれば、毎年変わることもある。近年は、水上にいなくなり、陸上に住むようになり、緑肥の入手も難しくなった」という。

1990年代頃までは、生活に必要なものは、陸上や水上の相互交換（物々交換）によって循環していた。それにともない、人と人との関わりのネットワークが形成され、陸上の農村から水上のむらまで広範囲に関わったことから形成されたのは、「広域的循環」といったものであった。それに対して、現代においては、荻港村という一つの村の中で、各自の農家独自の農業形態に頼っていることから、資源や人との関わりの範囲が縮小しつつあるのが実態である。その意味では、現代の桑基魚塘をめぐるプロセスは「狭域的循環」ともいえるものである。

太湖周辺には多くの水域があり、水でつなぐ農業形態は、資源循環の縮小にともない変容しつつある。個々の農家の桑基魚塘から資源の流出入は、一つの村もしくは農家共同体の中に閉じ込められている。循環する「もの」の流れは切断され、循環「システム」（関わりを含む）も次第にやむを得ず「切り離す」状況に追い込まれている。

時代や文化とともに、循環は単にものの交換が繰り返していくわけではない。水や資源の循環のプロセスは、人間関係の中での「関わりの仕組み」を整えていくための基盤でもあり、サイクルではなく、資源の力と関わりの力を蓄えていくことの繰り返しでもある。

水と生きる太湖周辺の農村の特徴の一つは、生産における資源の循環によって成り立つ構造となっている。しいて言えば、水の切断は農の切断をもたらし、そしてそのつながりの切断を引き起こしてしまった結果、農村固有の機能が壊れてしまう。そうした社会における循環の側面から、太湖保全再生を考えてみると、何らかのつながりがあったようにも思える。

琵琶湖周辺においては、水辺の資源利用を介して、大小異なる循環システムが形成されることにより、暮らしが成り立つ集落は数多く存在する。現在、針江のように、水の流れに沿って言えば、「カバタ—川—内湖—湖辺」を介して、「人と水」の関わりの深いものが築かれている。また前述のように「魚のゆりかご水田」などを中心にして、「地域資源循環型社会」が再生しつつある。

その意味で、循環過程は、地球規模での「成長の限界」が目前に迫っている今、過去の遅れた生活・生産様式というよりは、未来に向けてのステップアップにつながるレジリエンス（再生）としてとらえられよう。モノとしての物質的な循環の裏には、それを支える社会的仕組みであるコトがあり、それを支える人びとの価値観（ココロ）があることがわかる。資源循環には、「モノ」「コト」「ココロ」の多層構造がかくされており、今後レジリエンス（再生）を未来に埋め込むためには、この多層構造の理解が必須である（嘉田, 2004）。

また、湖と人間の関係性に潜む価値の発掘や、その価値観を政策実践にまで展開する琵琶湖発の思想には、「流域治水」や「住民参加型生活再生」などといった政策実践があり、人と水の賑わいの再生へ向けて生活や生業の営みを含めて総合的に考える必要があるとされるものである。この発想は中国においても現在広く学ばれ応用されつつある。

水の流れに沿って、水がもたらす物質の循環と関わりの循環とを合わせもつ文化的循環が可能な社会をいかに作り出していくかは、アジアの水郷暮らしにおける共通の課題として、探究されつづけるであろう。この点については最後の章でまとめてみたい。

第3章

人と湖との関わりの今昔
——生業複合から単一機能化へ

1 太湖と琵琶湖、体制は異なるが近代化の方向は意外と共通性が高い

太湖北部には、貢湖、五里湖（別名：蠡（れい）湖）、梅梁湖という三つの内湖がある。これから示す今昔写真の比較による環境変化は、地図の五里湖周辺であり、無錫の市街地にも比較的近い太湖東北部にある。本章では、まず1990年代に大きな環境改変が行われた五里湖からみていきたい。

五里湖周辺では、1990年代以降、大変大きな環境改変がなされた。五里湖に隣接する主要な都市の一つである無錫市における「新しい都市建設計画」の実施にともない、五里湖の湖辺の養魚場を湖に戻し、湖辺の一部を緑地にすることや湖辺道路の建設が、公園景観づくりの一環として計画に盛り込ま

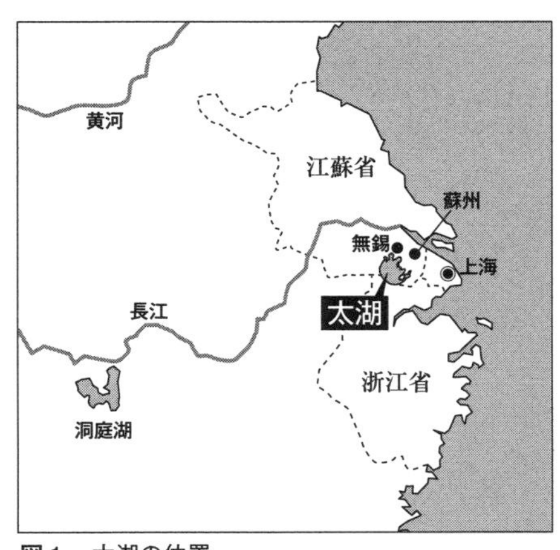

図1　太湖の位置

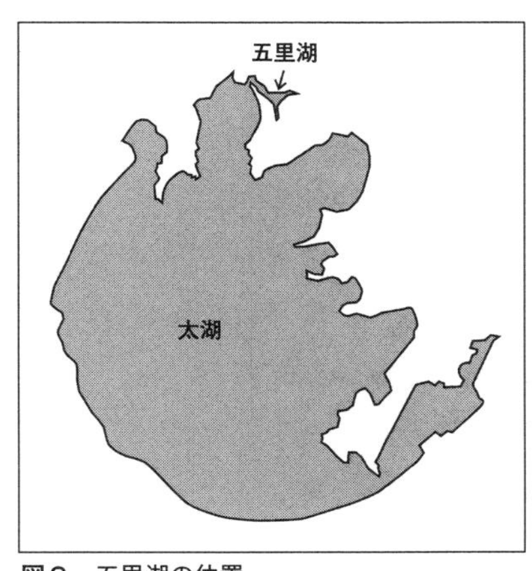

図2　五里湖の位置
（出典：百度地図に基づき作成）

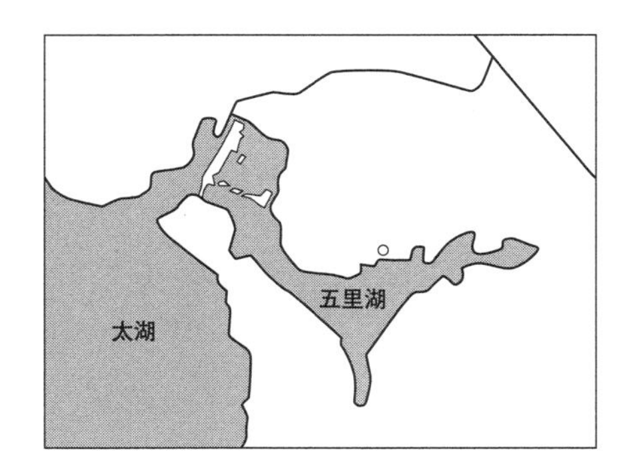

図３　五里湖周辺（1990年代頃と現在）
（出典：李，1994及び2020年百度地図に基づき一部を改変作成）

れた。2002～2004年にかけて実施された「都市建設と環境の総合整備計画」に基づき、無錫市行政区域計画が進められ、2000年には市街区域の面積が1,622㎢まで拡大された。一方、市が管轄する湖面面積は338.9㎢まで増えることとなった。

1970年代以降の湖面の面積減少と1990年代初頭の水質汚染が大きく問題となった後、餌を与える養魚池は、1998年頃に激減し、養魚をめぐる漁撈活動ができなくなった。特に五里湖の西部の養魚池は「退漁還湖」（漁業をやめて湖に戻す）政策により、湖に戻された。湖全体の機能の回復や水質の改善、都市部の水源の確保などのため、五里湖の湖辺での養殖池をめぐる漁撈活動が消滅することとなった。

湖辺環境の変化のうち、公園景観においてどのような改変が行われたのかは、次の写真でみてとれる。写真１-１と１-３が五里湖の「都市計画」によって整備された姿である。湖辺に整備された「芝生と花と噴水」風の都市公園について、当時無錫市環境科学学会の華は、「現代文明と遺蹟は共存できない」という見方を示していた。

前章までにみてきたように、太湖周辺における養殖池は、水田やヒシの水草栽培、あるいは養蚕やアヒルなど、さまざまな形態があり、生態複合の本拠地でもあった。その複合環境が湖辺から消滅することで、漁撈従事者たちの湖辺利用が次第になくなり、湖辺での漁撈をめぐる生業（副業を含む）活動

写真1-1　五里湖湖辺の生態園の整備（撮影：2006年３月）

写真1-2　五里湖付近の展示館（撮影：2006年３月）

写真1-3　都市公園内での噴水と花畑（撮影：嘉田由紀子、2004年）

写真2-1　琵琶湖総合開発前の烏丸半島にはエリがたくさんあった
（撮影：中島省三　写真提供：滋賀県立琵琶湖博物館）

写真2-2　湖岸堤防ができて湖と周辺水田は分離された
（撮影：中島省三　写真提供：滋賀県立琵琶湖博物館）

がなくなった。その結果、これまで親しまれてきた収穫した新米や水産資源の新鮮さを保った状態の水産市場や道端での量り売り場はなくなって、都市部のスーパーで買い求める暮らしに変わり、湖辺に近い都市と農村との間にみられた交流が次第に減ってしまった。こうして、生業の営みが組みこまれた従来の湖辺環境は、都市化された形での景観へと変化した。

一方、写真２-１と２-２はいずれも琵琶湖南湖の東岸の烏丸（からすま）半島である。写真２-１は、1972年に撮影された。烏丸半島の中には養魚池と水田があり、内湾にはエリが６統設置されている。湖中の四角い部分は、淡水真珠の養殖用の棚だ。いずれも生物を育てる水域であった。それが、琵琶湖では1972年に、琵琶湖の水位操作の自由度を高め、下流の京阪神用の利水と治水の機能を強化する琵琶湖の多目的ダム化のために琵琶湖総合開発計画が始まった。エリ漁業はなくなり、淡水真珠の養殖も総合開発とともに消えていった。写真２-２は総合開発での湖岸の堤防工事などがほぼ終わった1997年の烏丸半島である。烏丸半島には水資源機構の事務所と琵琶湖博物館が建設された。

写真３-１、写真４-１はそれぞれ1967年と1954年の撮影で、琵琶湖と周辺の水田や水路がつながり、魚たちが自由に水田に出入りしていた時代の光景だ。それぞれ写真３-２、写真４-２は同じ場所、同じアングルの総合開発後

写真3-1　湖岸沿いの集落内クリーク
（撮影：前野隆資　写真提供：滋賀県立琵琶湖博物館）

写真3-2　舟はなくなった
（撮影：古谷桂信　写真提供：滋賀県立琵琶湖博物館）

写真4-1　湖岸の水田で牛を舟で移動
（撮影：藤村和夫　写真提供：滋賀県立琵琶湖博物館）

写真4-2　クリークは埋められコンクリートに
（撮影：古谷桂信　写真提供：滋賀県立琵琶湖博物館）

の光景である。水路はせばめられ、あるいはコンクリート化され、魚たちの姿はみえなくなった。これは農業の近代化として、地元ではいったんは歓迎された。しかし、近年は水田に魚を呼び戻す活動も始まっている。

土地の所有制度が異なるものの、モンスーン気候下での魚と米の生業複合という共通の生態文化は前の章でみてきたとおりだ。しかし、ともに水辺の漁業的活動が軽視され、湖岸がコンクリート化されて近代化していく方向は、景観的には極めて共通性が高いということがみてとれるのではないだろうか。自然を制御し、生き物の生息環境をせばめ、水辺の一部をコンクリートや湖岸道路などにし、近代化や都市化をめざして環境を改変する時期を、太湖と琵琶湖はともに経験してきた。

本章では、太湖と琵琶湖の今昔を比較しながら、水辺の近代化の背景に潜む環境認識や価値観をたどるとともに、そこでの人びとの生活や生業、景観に対する社会意識や評価を分析対象としたい。そしてこれからの琵琶湖と太湖、水辺の環境のあるべき方向について考えていきたい。

2　2000年代以降の太湖の湖辺は、農漁業を切り離す景観へ

太湖の湖辺には、60年代頃まで大小異なる多様な湿田や内湖があった。ここでの湿田というのは、湖辺の窪地や凹んだ地形に溜まった水を適宜流したり、溜めたり、土で囲んだりすることで、稲作ができるようにした土地で、いわゆる干拓した湿田のようなものである。これらの湿田は「圩田（うでん）」と呼ばれている。内湖と呼ばれるところは、現在太湖周辺に３か所が残されているが、60年代以前と比べると縮小したところもある。これらの圩田や内湖が近代化の過程で消滅したり縮小したりするなど、著しく変貌してきた。

太湖の北部に位置する内湖である五里湖周辺では、写真５-２のように都市計画が進み、2000年頃に環境整備が進められ、湖辺の一部が公園景観として改変された。五里湖周辺の環境の変化について、五里湖の西部にもともとあった養魚池は湖に戻すこととなった。太湖の水質を改善するため、湖辺に

写真5-1　豚の糞を池に入れて養魚に活用する池
（提供：無錫市蠡湖地区建設委員会）

写真5-2　上とほぼ同じ場所の公園
（提供：無錫市蠡湖地区建設委員会）

近いところにある養殖池に対して、漁具や漁船の自主廃棄や行政による買い取り、場所によって養殖池としての利用の禁止や制限などで、養魚を営むことができない状況となった。写真５-１には内湖の養魚池の横に豚小屋をつくり、豚の糞尿を養魚の餌に活用していた「畜魚共同飼育」の場所だ。その同じ場所が写真５-２のような都市公園に変わった。写真６-１は伝統的な農民家屋で、前に通る水路には階段があり、水路が洗い場に使われていたことがわかる。暮らしに近い水が活かされていた。同じ場所が、写真６-２のような農民用のアパートになった。

写真6-1　改造前の農民住居　（提供：無錫市蠡湖地区建設委員会）

写真6-2　改造後の農民住居用アパート（提供：無錫市蠡湖地区建設委員会）

このような生活と生産方式の変化を人びとはどう評価しているのか、街中でインタビューをしたので、本章の後半で紹介したい。

3　「開発・洪水防御型」から「生態保護・緑地型」の環境保全へ

ここで、開発にともなう価値観の歴史的変化をたどってみよう。太湖は、長江の中下流域に位置し、水系が縦横に発達するところである。長江流域には支流も多く、数多くの湖沼が分布し、古くから「黄金水道」と呼ばれ、米や穀物、淡水産の中心とされ、古くから「魚、米、桑、果物の郷」と呼ばれている。

太湖や長江中下流域では、「囲湖造田」（湖を囲い水田をつくる）など、農業生産や漁業生産を重視する開発が主流となってきた。しかし同時に、たびたび洪水に見舞われることも多かった。1931年の水害では多くの農地が水没した。1949年代以降も、毎年大小異なる水害が起こった。近年に至っても、流域開発や都市化や生態環境の悪化等により、長江流域においては大規模な洪水が頻発している。1998年夏、長江流域で史上まれなる大洪水が発生した。洪水防御や環境保全、住民の生活や生業などさまざまな課題の解決は難しい選択とされる。かつて農地や養魚場など生産重視で土地改変を行ってきた政策が、1990年代以降になると、「退耕還林」（農地を減らして森林を増やそう）、「退田還湖」（水田を減らして湖を増やそう）政策が施行された。「退田還湖」とは、湖を干拓して作られた水田を湖や湿地に戻し、洪水防御としての機能を図るものである。これらの政策に加え、2009年の三峡（さんきょう）ダムの運用などとあわせ、森林の復元や河川の浚渫（しゅんせつ）、堤防づくりなどを主とした八つの洪水防御政策が実施された。

長江中流域に位置する洞庭湖や太湖周辺では、1990年代以降、洪水が頻発したため、「平垸行洪」や「退田還湖」などの土地や環境の整備が行われた。例えば、洞庭湖周辺では、湖辺にあった湿田のような水田などを減少させる施策が行われた。その頃の施策では、湖周辺の生態系への影響や公益評価、洪水問題、環境保全や農業補償などに集中され、一定の有効性があったものの、移民問題や行政と住民との関係など多様な課題を指摘されている（劉，2004；鍾ほか，2005；毛ほか，2007）。「退田還湖」事業により、洪水防災をめぐる損失の減少をもたらしたものの、2001年に「退田還湖」による移民の数は約20万を超え、それに対する補償や施策などの課題に直面し困難にみまわれる（毛ほか，2007）。また行政間の関係においては、「退田還湖」をめぐる損失が巨大であるため、地方行政が事業を全面的に担うことに消極的であることが指摘された（毛ほか，2007）。住民の生活生業の側面からは、住民の利益や農民参画の重要性を強調している（劉，2004）。

先に紹介した太湖周辺、五里湖の「退漁還湖」（漁業をやめて湖に戻す）も、「退田還湖」と共通する政策といえるだろう。太湖周辺の水辺の改変原理には、大きく二つの変化が見られた。一つは、過去から連綿と2000年代頃まで続いてきた「開発・洪水防御型」の環境保全の追求である。水利開発のためのダムや堤防建設などのハード強化とともに、洪水防御のための人為的な水位操作、水門建設などの時代である。当時は、後でも見るように、富栄養化や水質汚濁はあまり問題にされなかった。湖面のアオコなども問題化されず、栄養分をできるだけ多く循環させて魚類と農産物の生産が強化された。農業や漁業、いずれも生産力を重視した時代といえるだろう。1980年代に嘉田が太湖周辺を調査した時の状況を後で紹介しよう。

1990年代以降、特に太湖の水質悪化は著しく、都市部の水道水の飲用問題や水質悪化による健康悪化とともに生活環境の破壊も目立ってきた。そこで重視されたのが、水源地の保護や都市計画の一環としての湖辺環境の整備であった。湖辺環境の整備の進行にともない、湖辺に近いところにあった水田や養魚池や工場による排水を制御し、緑地帯づくりや公園景観の整備とともに、湖辺環境を緑地景観化する方針が強化された。この時期の湖辺環境保全は、以前の「開発・洪水防御型」から「生態保護・緑地型」へと変わっていた。

近年、湖辺環境は、親しみやすい、利用しやすい方向へと変わりつつある。その背景には、日常的散策や自然観察のための板道や遊びや健康づくりのための憩いの場などといった要素を含め、利用度の高い子どもや高齢者といった社会的弱者層の人びとの利用を十分に配慮した形での公園整備が必要とされるようになった意識の変化がある。このような公園環境をここでは「親・近」自然型公園と呼ぶことにしたい。これらの「親・近」自然型公園づくりには、特にそこに居住する人びとの生活上の必要性に応じて、日常的利用とともに、公園環境を整理したり、手入れをしたりするなど、居住者たちが生活上でかかわれるような環境を保障する施策が必要とされている。

琵琶湖周辺では、マザーレーク基本計画においても人びとの暮らしの視点が取り入れられ、住民参加が協調されているが、この起源には、1970年代の石けん運動による住民参加とともに、1990年代以降の琵琶湖博物館づくりのプロセスでの、住民参加などが大きなきっかけとなったといえるだろう（川那部，2000）。今後、湖をもつアジア稲作地域においても、住民参加型の公園管理や環境整備などが次第に広く政策に取り入れられることを期待したい。

4　琵琶湖研究者がたどる太湖をめぐる人びとの社会意識の変化——1980年代から2000年代へ

1986年と2004年と2005年に、太湖で聞き取り調査を行った嘉田由紀子は、「文化としての水—今、中国と日本の水意識を考える」を題とした論考を記した（嘉田ほか，1988）。1982年に設立された滋賀県琵琶湖研究所では、初期の時代から中国南京地理研究所と、太湖・琵琶湖共同研究を進めていた。水質や水文物理など自然系の研究者が中心であったが、環境社会学徒として嘉田は、太湖周辺住民の生活調査を行った。当時は、社会学的調査の実施が困難な時代であり、水質調査の研究所について、こっそり観察と聞き取りをさせてもらう程度だった。そこでまず驚いたのは、当時、琵琶湖で大問題であった水質汚濁富栄養化が太湖では大問題になっていなかったことである。1986年に無錫の太湖辺の蠡園（れいえん）（前述の五里湖辺）公園の写真をとった。そこで舟遊びをしていた人に「このあおいのは何だか知っている？」と尋ねたが、そのアオ

写真７　蠡園とその水面に浮いていたアオコ
（撮影：嘉田由紀子、1986年８月29日）

コの存在の意味を理解していなかった人がいた。アオコが出ている水域はかなり富栄養化が進んでおり、琵琶湖ではアオコがすでにかなり大きな問題になっていた。

その頃、琵琶湖研究所としての共同研究の相手である南京地理研究所員とも議論をしたが、アオコを問題視する意見はなかった。逆に、水の中の栄養分を増やして、魚類や水草を増やして生産力を上げることが研究の目的となっていた。

当時の中国の水文化を記述した嘉田由紀子の文章がある。以下に転載する（嘉田ほか，1988）。

1980年に入って、浅い水域の生産力を上げ、魚類や菱、水栗などの食糧を増産することが国家的課題とされ、「水体農業」と名づけられた。水体農業とは、水域を魚類養殖だけでなく、水生農作物の生産に利用しようということであった。湖の水草を刈り取って舟にすくい上げ、それを３～４メートルも積み上げ、手漕ぎの舟で運んでいる農業者の姿もみられた。この水草は豚のエサなど家畜の飼料になるだけではなく、農業者が人工的に作っている養殖池の魚の餌にもなるということであった。養魚池では、湖の水草だけではなく、道端の草や山の草など、栄養物になりそうなものはことごとく飼料として利用されている。1980年代、桂林を流れる漓江の船下りをしたおりにも、小さな竹のイカダのような舟に川の水草をすくい上げている姿があちこちでみえた。

無錫市郊外の河奨養魚システムに関する訪問調査では、長さ100メートルほどの池が二つ並び、そこでは草魚などの草食の魚類を中心に飼育しているとのこと。主な餌は大豆の皮（購入）や湖から採ってくる貝、サツマイモなどの野菜のくず、畑の草など。養魚池周辺にはイモ畑や大豆畑も広がっている。畑作の廃棄物を漁業に利用するという意味で、さしずめ農業と漁業の複合経営といったところか。池のまわりにはアヒル小屋が水辺につくられていて、アヒルの糞も自動的に池に入って栄養分補給に役に立っているという。アヒル小屋の横に家畜の糞尿らしきものが池に流れこむミゾがある。……裏側をのぞむと数十頭のブタ君たちがねそべって昼寝をしていた。床は自然流下式になっていて糞や尿は端の穴から外のミゾへ……そして養魚池へ。養魚と農業だけでなく、牧畜もとりこんだ栄養補給システムだった。それだけではない。川や湖の水草も餌になる。貝なども魚の餌になる。

太湖で貝曳きをしていた若い夫婦に聞き取り調査をした際に養魚の餌にするといっていた。このことから、太湖漁民たちは養魚を営む人びとともつながりがあり、湖の中の魚やエビ、貝などといった生業の主な対象物としての価値や水草、貝殻、屎尿などいった価値に合わせて、生業複合を支えていたことがわかった。

水をみるときに、水の中の植物、魚類、プラクトン、そして水底の泥まで含めて多様な生物と物質の存在を前提にして水を論じる中国の水の文化。それに比べると、主に水質だけを論じる現代日本の視点は、水道の水さえよかったらという単一機能論としての頼りなさを当時から感じていた。

また蘇州のような都会でも、町中には水路がめぐらされ、農村部と都市部をむすぶ交通網となっていた。ところどころに水路に降りるための石段がしつらえてある。橋の下にも石段があり、それを降りきったところには、大きな肥桶をいくつも積んだ舟がつながれていた。この肥舟は町の住民の糞尿を周辺の農村へ運ぶための肥料舟でもある。人間の生存を確保し、生活を向上させようとする私たちの先祖は英知をかたむけてきた。人間が自然としての水と闘い、水を支配しようとし、それでも水の災いからまぬがれきれないという、ぎりぎりの関係性の中から、水の文化は形成されてきた。

水の文化とは、人と自然との接点にくりひろげられた関係性の別の表現である。私たちに見えることは大きな限界がある。その限界を少しでも切り開き、次の時代へのヒントを得るためにも、私たちとは異なる水の文化について学んでみたい（嘉田ほか，1988）。

写真８　五里湖周辺の水域では多くの養殖池があった
（撮影：嘉田由紀子、1986年８月）

写真９　嘉田由紀子と陸おばあちゃん
（撮影：林梅、撮影日：2004年11月）

今、見直しても、まさに栄養分の一滴たりとも無駄にしない、という徹底的な循環型の暮らしぶりが、生業複合としてみてとれた。また養魚池の畔道なども、草刈りが行き届き、美しい情景だった（写真８）。

この後、嘉田は2004年11月と2005年３月に太湖周辺の蠡園や五里湖周辺を調査した。その時の記録を紹介しよう。実は1986年に撮影した、その同じ場所を訪問したが、水辺の風景は大きく変わっていた。

写真10　1986年８月の五里湖周辺の河川を行く船。奥の家の持ち主は桃
（撮影：嘉田由紀子）

蠡園の前で、陸おばあちゃん（当時2004年､76歳）の舟に乗せてもらった。元漁師の陸は、「退漁還湖政策」により、漁業の現場から離れ、蠡園の水底から針金などの金属回収を仕事にしてきた。転業でも湖を離れず生計を立てざるをえない元漁師の女性の姿は複雑な思いだった。

1986年、五里湖周辺の河川には、川エリがあった。当時、「烏蓬船（うほうせん）」と呼ばれる舟を使って河でエリ漁が営まれていた。「烏蓬船」とは、主に漁船として使うものの、住居として寝泊まりにする水上生活者もいる。この種の船は、江南地方の水郷暮らしの典型ともいわれている。「蝦籠」とは、湖辺や河川、水田などのやや浅い水域で仕掛けてエビを捕る漁具だが、ウナギやドジョウなどの魚も捕れる。写真は1986年８月29日撮影のもので、竹の蝦籠でエビ捕りをしていた女性は、取材した夫と二人で家船に寝泊まりしてエビ捕りをしていた。

内湖の中で家船を使ってタニシを採る水上生活者も多くいた。タニシは食料として食用とされるが、食べ残しのガラは田畑の肥料として利用されていた。

写真12とほぼ同じ場所を、18年後の2004年11月に訪問した。内湖や周辺の河川の水域には家船も頻繁に通り、「烏蓬船」の他に多様な手漕ぎの舟もあっ

写真11　1986年８月の五里湖周辺の河川の「烏蓬船」（撮影：嘉田由紀子）

た。「蝦籠」をもった女性の1986年の写真の場所を探し当てたが、周囲の河川や山の光景はあまり変わりなかった。

一方、1986年に白い橋があり、川エリがあったその場所には、水門がつくられ、川エリの姿は消えていた。この橋のすぐ横に住んでいた桃（当時60歳）の家は川の横にあった。写真10の白い家だ。この写真をみて桃は懐かしそうに語ってくれた。「この家は1980年に建てた。1991年の洪水の時に床上80cmまで水についた。そして1994年に行政指導があり、内陸に引越しをした」という。「1986年頃、川エリでは太湖から上がってくる紅背魚がたくさんとれた。水がきれいだったから」と桃は言う。2004年に、橋の内側に、洪水を防ぐ水位調節のための「水門」と呼ばれる河口堰ができた。堰ができたのは1991年の洪水対策のためという。橋の名前は「礼譲橋」。洪水後に湖周辺に河口堰などを設置することは琵琶湖をはじめ、日本の河川管理と同様の技術的対応といえるだろう。

桃夫婦の2004年当時の生業で重要なのはヒシ採りという。河の横の池で船や「盥舟（たらいぶね）」と呼ばれる木製の桶でヒシ採りをする。「盥舟」は、太湖周辺のみならず、洞庭湖などの水域においても、ヒシ採りの際によく使われる伝統的民具である。桃は、私たちが準備をした今昔写真をみながら、生活の実態を

写真12　1986年８月、五里湖周辺の河川で「蝦籠」をもつ女性
（撮影：嘉田由紀子）

写真13　写真12の背景となる河川と山はほぼ同じに見える場所にて2004年
（撮影：嘉田由紀子）

次のように語ってくれた。

「この池は生産請負制度のあと、1994年に元の所有者から購入した。ヒシが生えている水面の下では、白魚を飼っている。奥さんは「盥舟」でヒシを採る。白魚は１kg６元で売れる。この池の収入で夫婦ふたり十分に暮らしていける」。

写真14　五里湖周辺の川。手前はエリ、奥に橋と水門
（撮影：嘉田由紀子、1986年）

写真15　写真14と同じ場所。2004年に河の上に河口堰ができた
（撮影：嘉田由紀子、2004年）

写真16　河の横の池でヒシ採りをする桃。今昔写真をみて川の環境変化などを語ってくれた
（撮影：嘉田由紀子、2004年11月３日）

5　太湖での水辺環境変遷への人びとの評価

さて、それでは、水辺の景観の変化を人びとはどう評価しているか、人びとの風景への意識と、水辺利用の意識をさぐるため、今昔写真を活用して、聞き取り調査を行った。五里湖辺の公園を歩く人たち、男性20名、女性20名の40名ほどを湖岸で呼び止めて、できるだけ個人別に聞き取り調査を行った。日時は2005年３月23日と24日にかけてである。具体的には、今昔写真をみてもらいながら、それぞれの写真の昔の状態を知っているかどうかを聞き取る。年齢、職業、居住地をさしつかえない範囲できく。何をしにここへ来たか、さしつかえない範囲できく。水道が入る前のことを経験しているか、その時、料理や洗濯にどんな水を使っていたか、洪水にあったことがあるかなど水利用の経験を尋ねる。目の前の五里湖について、「五里湖の水を飲むか？」「魚を捕る気になるか？」「捕った魚を食べるか？」「泳ぎたいか？」「自分の子どもを泳がせるか？」「自分の子どもを遊ばせるか？」「洗濯をするか？」の７項目について、具体的な行動レベルでの水への意識と評価を聞き取る。五里

湖の環境改善について、住民としてどうしたらよいか、意見を尋ねることとした。このような調査方法は、琵琶湖調査から得られた社会学的方法で、中国で実施されたのは初めてと、中国社会学界でも知られているという。

結果の一部を紹介しよう。最初の今昔写真セットは写真１から４の４点である。写真１は養魚場と同じ場所の都市公園。写真２は養豚場と公園、写真３は川べりの住宅と同じ場所にできた住宅マンション。写真４は陽だまりで家の外でお喋りする近所のつき合いと家庭の中でテレビをみている光景だ。

聞き取りの結果だが、男性では写真１と写真２、また写真４は15名中２名が、昔が好きと応えた。写真３は昔が好きと応えたのは１名である。逆に、今がいい、と答えた人は写真１と２は、10名以上となっている。写真３については、今がいいという人が多いが、わからないという人も５名と多い。公園など公的な施設については圧倒的多数が今の光景を好きと応えている。しかし住宅などになるとわからないという回答が増えるのは、近代的なマンションのような住宅に住んでみて、近所づきあいの減少による寂しさなどの個人的問題があるのか、と想像される。

一方、女性については、昔が好きという人数は男性よりも圧倒的に少なくなる。つまり今のほうがよい、という人が圧倒的に多い。写真セット１から４まで圧倒的多数が今がいいと回答している。昔がよい、という人はいずれの写真セットでも一人もいない。かろうじて、写真３と写真４の住宅関連のところで、わからないという人が２、３名いる程度である。このようにみてくると、コンクリート化する近代的な公園や住宅が好まれていることがわかる。

一方、水利用意識について、まず男性について、「五里湖の水を飲むか？」「魚をとる気になるか？」「とった魚を食べるか？」「泳ぎたいか？」「自分の子どもを泳がせるか？」「自分の子どもを遊ばせるか？」「洗濯をするか？」の７項目について質問を行った。そのような行動を行うという回答が最も多かったのが「とった魚を食べる」「泳ぐ」「自分の子どもを遊ばせる」である、85％の人が前向きに考えている。「水を飲む」「洗濯」でも半分以上がそのような行動を行うという回答があり、水利用については、五里湖の水環境への

今昔写真セットの提示　写真１

左と右はほぼ同じ場所です。右と左の風景のどちらがあなたは好きですか？ その理由は？

提供　左：無錫市蠡湖地区建設委員会　　右：嘉田由紀子

今昔写真セットの提示　写真２

左と右はほぼ同じ場所です。右と左の風景のどちらがあなたは好きですか？　その理由は？

提供：無錫市蠡湖地区建設委員会

評価が高いといえる。

同じ質問を女性に行うと、すべての項目で男性よりも、水利用意識ははるかに後退しているといえるだろう。７項目の中で活動を行うという最も多い回答は、「自分の子どもを遊ばせる」であり、ついで「とった魚を食べる」となっている。それ以外の項目は回答者の半分以下であり、水を飲むという回答は最も低い。ここで興味深いのは、水は飲めないが魚は食べられるという回答が多いということである。これは何を意味しているのだろうか。男性でも水を飲む、よりも魚を食べるという方が多かった。

以上みてきたように、養魚池から都市公園へ、という水辺環境の変化は、男女を問わず、多くの人たちに風景として歓迎されているようだ。一部、か

今昔写真セットの提示　写真３

左と右はほぼ同じ場所です。右と左の風景のどちらがあなたは好きですか？　その理由は？

提供：無錫市蠡湖地区建設委員会

今昔写真セットの提示　写真４

左と右はほぼ同じ場所です。右と左の風景のどちらがあなたは好きですか？　その理由は？

提供：無錫市蠡湖地区建設委員会

つての水辺の住宅がマンション風になり昔のほうがよい、という人もいるが、少数だ。このような社会意識の変化をどうとらえるか、太湖周辺での社会意識の変化は、琵琶湖辺における意識変化と共通する点が決して少なくない。その点について最後に分析してみたい。

6　生業複合から環境認識の単一機能化へ

五里湖周辺の1990年代から現在までの環境改変をみると、「生活を成り立たせる生業複合の湖から、憩い・眺めるレジャーの湖へ」と変貌しているところがみえる。ここには、伝統的に、洪水などの自然の圧力に対応しながらも、

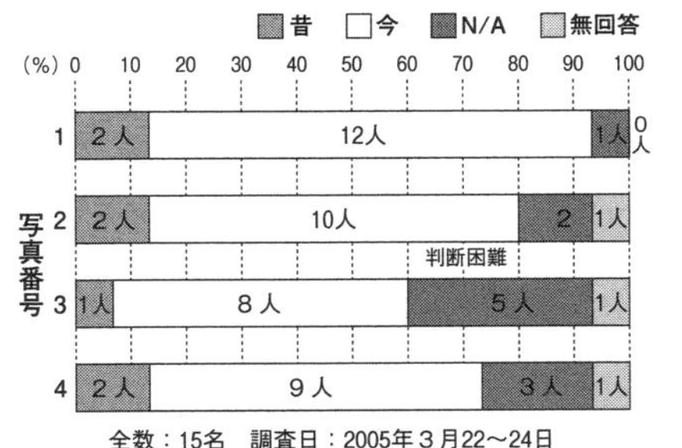

図１　今と昔の風景、どちらが好きか？（男性）

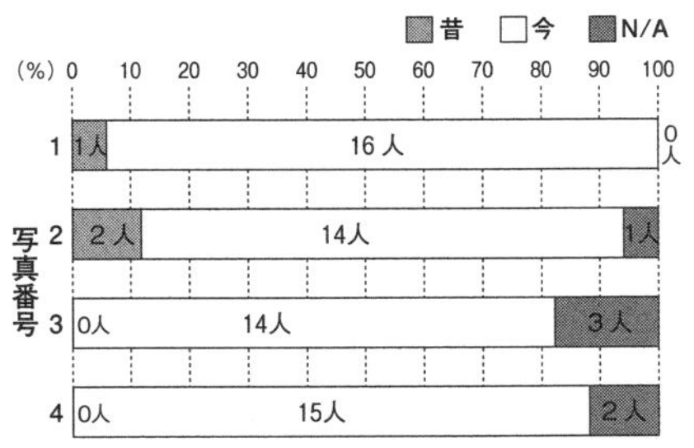

図２　今と昔の風景、どちらが好きか？（女性）

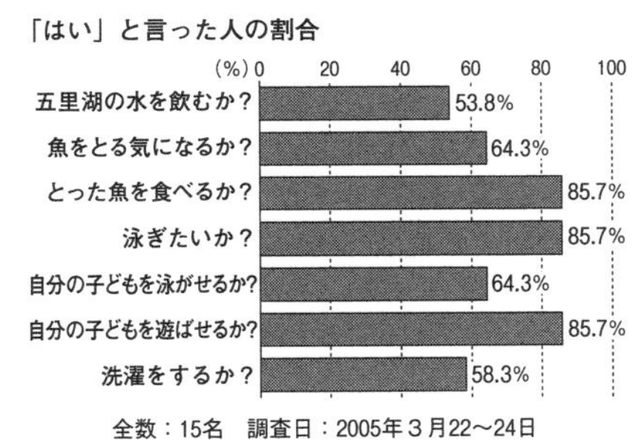

図４　水利用意識（男性）

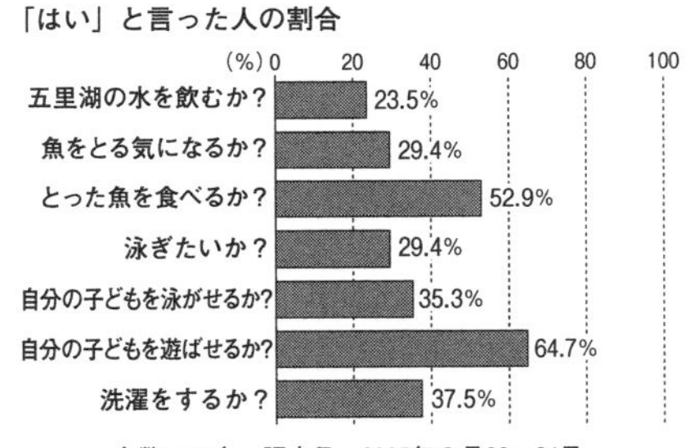

図５　水利用意識（女性）

農業や漁業の生産を維持し、特に米と魚、そして蚕など、多様な動植物を水辺で育て、生活を成り立たせる生業複合が失われつつある過程を見ることができる。いわば都市化・近代化による水環境の単一機能化が進んでいるといえる。ここでは「近い水」が「遠い水」になり、食料も「近い食」が「遠い食」へと意味転換していくプロセスが見える。

しかし、人間はいつの時代も飲み水や食糧を必要とする。飲み水は水道から、食料はスーパーマーケットから、という役割分担により目の前の消費は成立する。そこには水や食料が商品として、金銭を介して提供されることになる。一方で、「都市計画」というような行政制度としての環境整備の時期において、自然が都市行政的存在となり、人びとの生活実感の中から遠のいていく。そして、ますます進むグローバル化の中で、生活物質は商品としてからめとられ資本主義の真っただ中に放り込まれる。目の前にある飲み水も、目の前にある食料になる水草も放置され、行政による水道やスーパーマーケットの瓶詰水や食品に依存していく。

最初に、琵琶湖辺の昭和と平成時代の環境改変にともなう今昔写真を提示した。体制の違いを越えて、琵琶湖辺で起きてきた、住民管理の「近い水」が、行政管理の「遠い水」へと変換されていく、水辺環境の単一機能化と、太湖周辺での変化に共通性が極めて高いことがみえないだろうか。

図５は、1980年代に、私たちが「生活環境主義」を提起した時の湖と人間の関わりに潜む価値観の変化をモデル化したものだ。琵琶湖辺でも、かつて湖辺の自然は、まさに「総体として」「近い水」として存在していた。針江のモノグラフで見てきたとおりだ。湖辺の水田には、梅雨時の水位上昇にともなって、琵琶湖からコイやフナ、ナマズなどが入ってくる。その水田には子どもだけでなく、大人も魚を追いかけ、おかずとりに熱中した。そのおかずで日々の食卓をにぎわした。そこには、水も魚も全体として「近い」存在だった。そこに人びとは楽しみを求めた。大雨の洪水時でも、水が溢れ、堤防の破壊などの怖さもあるが、同時にビワマスなどの魚類が手づかみで捕獲できて、洪水も悪いところばかりではない、いいところもある、という思想が積み重ねられてきた。飲み水は集落の中を流れる川からくまれ、その川には決して汚れ物を流さないという生活上の掟も集落内でつくられてきた。そもそも屎尿も含めて、栄養分は一滴たりとも無駄にせず、畑や水田に運んで、食料を育てる肥料とした。

「自然」をめぐる価値観が大きく変わるのが、水道が入った時だ。集落の飲み水は琵琶湖から供給され、琵琶湖の水は水道水源として重要視された。「遠い水」の出現だ。そこには魚は不要だ。水ガメとしての琵琶湖の価値はまさに、水という単一的なモノ的価値、「使用価値」しか認められなかった。それゆえ水質汚濁には、近代下水道という近代技術的対策が求められた。同時に、琵琶湖の中の生物の命を強調する生物学者は、人の手が加わらない自然環境と生命価値を重視する。ヨシ帯を遺すための運動も起こすが、このヨシ帯は人びとが手をいれて毎年維持している、という生業上の現実は目に入ってい

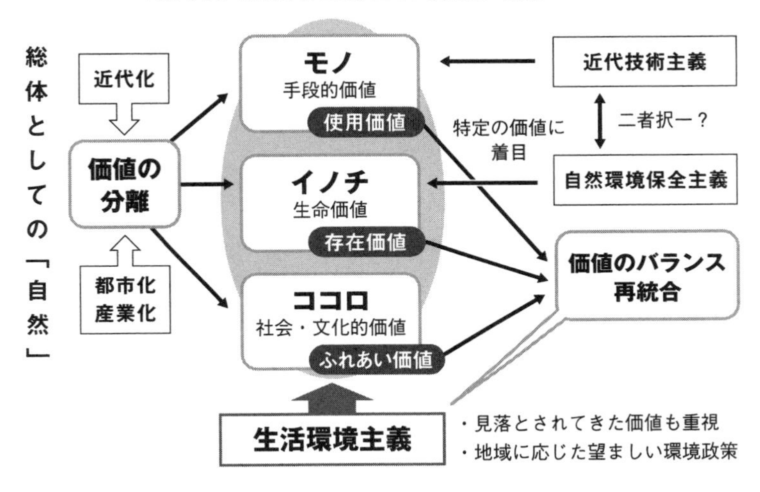

図５　なぜ生活環境主義を主張したのか？　分断された自然の価値の再統合化を

ない。これは「生命価値」重視といえるだろう。そして行政による技術的対応を批判する。一方、水や湖には、風景としての価値など、文化的なふれあい価値も存在する。しかし使用価値や生命価値を強調する人たちは、ふれあい価値は感情的と認識し、尊重する契機をもちにくい。

このように、それぞれの学問的領域や行政領域により、縦割りとなってしまった「手段的価値」「生命価値」と「社会・文化的価値」は、本来、全体として存在するものであろう。特に水をためる河川や湖は、本来、全体として存在するものである。それゆえ、都市化や近代化で分断されてしまった個別価値を全体として、再統合しよう、という方向が今後の環境保全には必要だろう。それが「生活環境主義」による総体としての自然の再統合である。そしてかつて「近い水」であった存在が「遠い水」となってしまったが、今後、「近い水」を取り戻すことで、持続的で、未来安心型の地域環境が保全できるのではないだろうか。

本書の第Ⅳ部第２章でみてきたように、太湖や洞庭湖など、中国の水域では、1000年以上昔にたどることができる「水田養魚」や「桑基魚塘」システムによる生業複合にみる、循環の仕組みをつくってきた。また本書、第Ⅰ部と第Ⅱ部でみてきたように、琵琶湖畔でも、律令時代から水田農業の基盤となる村落共同体による土地や水の所有と利用のシステムをつくり上げてきた。

これら多機能で総体として存在してきた人間社会と自然の「近い」関わりが、近代化により分断され、さらに資本主義により高度に商品化され、「遠い」存在となり、私たちの暮らしの環境を分断していく。その間に入り込んだのが、石油文明による、生産過程、消費過程であり、そこから生み出される大量の二酸化炭素と大量のプラスチック製品だ。今、これから地球規模の環境問題に私たちはどう出口をみつけだすことができるのか。最後の章でまとめとしてみたい。

終　章

地球規模での気候危機にコミュニティ主義は有効か？

1　マルクスも晩年にはコミュニティ主義を強調

今、人類が直面している地球規模の環境問題に対して、このモノグラフをどう位置づけるべきか。私たちは主張のポイントを「気候危機問題にコミュニティ主義はいかに有効か？」という論点にしぼりたいと思う。本書は、日本での琵琶湖辺、中国での太湖周辺を中心として、水辺のエコトーンを活用していかに地域住民たちがさまざまな伝統的な知恵と知識を働かせながら、稲作、養魚、水草、養蚕という生業を複合的に、かつ物質循環的にみて、合理的に実践してきたかを具体的に紹介してきた。近代工業化がどんどん進む日本や中国で、昔の水辺の生業の記録と実践は時代遅れ、アナクロニズムと思われる方も多いかもしれない。しかし、序章で展開したように、1972年にローマクラブが『成長の限界』で指摘した人類としての危機、言い換えるならグローバル化の中での資本主義の拡大・徹底により、地球規模の環境問題が惹起され、気候危機を迎えた今、改めてコミュニティ主義の有効性が提示できるのではないかと考えた。

私たちのこの考えを補強してくれたのは、経済思想史家の斎藤幸平の著書、『人新世の「資本論」』だ（2020年，集英社）。『人新世の「資本論」』によると、マルクスが晩年に、資本主義が進むと、人と自然の関係が破壊されると今の地球環境問題を予言していたという。その対策のために、ロシアやドイツの中世以来の土地や作物を共有する村落共同体の共有主義に根ざした「脱成長コミュニズム」といえる定常経済だけが、持続可能な社会を支えるという研究をマルクスが遺していることを斎藤幸平は紹介している。マルクスがここで強調していたのは、資本論で展開した商品としての交換価値ではなく、生活必需品である衣食住を支える使用価値を強調する世界だ。自然や物質の使用価値から離れて、交換価値だけを強調する資本主義的成長を求める中で地球環境問題への対策はないという結論だ。ただ、マルクスの遺稿には日本の村落共同体のことは言及がないようである。

そもそもマルクスが資本論を遺した1850～70年代の江戸時代末期から明治初期、日本の村落共同体研究がドイツ語に翻訳されていないだろう。日本の事例は、マルクスには知る余地もなかっただろうが、ロシアのミール共同体も、ドイツのゲルマン共同体も、土地所有を村落内部で共有化し、その収穫物の成果は平準化して分配・活用し、暮らしを維持するための資源の持続的利用と村落内の社会的平等を維持してきた。自然の利用は恵みばかりではない。時として気象による風水害に遭うというリスクにも、村落社会は相互扶助の仕組みの中で支えてきた。日本の村落共同体における共有資源の活用の仕組みに見られる、自然とまるごとかかわる、という原理は共通といえるだろう。つまり、土地の１区画ずつを個人所有化して、それぞれに資本を投下し、交換価値を生み出し最大の収益をあげる、という資本主義的生産形態との違いである。

「自然は誰のものか？」という人間と環境との関わりの所有をめぐる根本原理について、国際的な議論が展開されたのは、1960年代のアメリカだった。1968年に生物学者ギャレット・ハーディンが雑誌「サイエンス」誌上に掲載した「The tragedy of the commons」論文だ。この論文は日本では「共有地の悲劇」と翻訳され、牧草地を共有状態に置くと、資源が枯渇してしまう、というモデルとされている。具体的にはある集合体の中でメンバー全員が協力的行動をとっていれば、メンバー全員にメリットがあるが、個人がそれぞれに利己的に、放牧する家畜の数を増やして、非協力状態になってしまった結果、放牧地の資源全体の枯渇をもたらしてしまう、というモデルであり、敷衍(ふえん)的には、「土地所有は個人化するべし」という資本主義的所有論に転換していった。しかし、「The tragedy of the commons」を「共有地の悲劇」と翻訳したことに本質的誤解があることを、嘉田は1970年代から繰り返し主張してきた（嘉田，2019）。そもそも、個人が自由に放牧できる牛の頭数を増やせるということからして、このケースは「共有地でないことの悲劇」といえるものだ。共有地には必ず、利用や参入の制限があり、そのことが共有地であることの意味でもある。

本書で詳しく展開してきた琵琶湖畔の針江も、太湖周辺の集落も、ヨシ帯や内湖の利用は、それぞれの場所と季節により、利用の約束事があり、そのことが共有空間の自然資源を維持してきた原点でもある。そして今、琵琶湖辺で再生しつつあり、2022年７月には世界農業遺産に指定された「魚のゆりかご水田」を柱とする「琵琶湖システム」のような生態系に配慮した農林水産業も、定常型経済による持続可能性を維持している。一方中国では、水田での養魚システムを埋め込んだ青田県の「水田養魚システム」も世界農業遺産にすでに指定されている。本章の最後で詳しく紹介したい。

実は、自然資源の所有と管理をめぐってはHardinによる「共有地の悲劇」論文以来、環境社会学や農業経済学の分野で国際的な議論がなされてきた。共有資源管理のルールを国際的にみて分析をし、2009年、アメリカの共有資源研究者のOstromがノーベル経済学賞を受けた。そのOstromが参考にした事例には、日本の村落共同体での森林や河川、海などの共有地の利用管理も含まれている。共有資源の保全管理はHardinが言うように「国家」か「市場」かの二つしかないという流れの中で、Ostromは共有資源の保全管理のため第三の方法として、当事者によるセルフガバナンス（自主統治）の可能性を示したのである（Ostrom,E., 1990）。Ostromは、共有資源の長期存立条件として次の８点を示した。すなわち①境界の明確性、②利用ルールの調和性、③ルール設定への参加性、④モニタリングの存在、⑤柔軟な罰則、⑥調整メカニズム、⑦主体性、⑧組織の入れ子状性の８条項であるが、太湖周辺の河川や内湖の利用と管理をみると、少なくとも、①から⑧のかなりの要素が含まれていることがわかるだろう（嘉田，2021）。

自然の所有形態が、その利用方法を根本から規定することを考えると、コミュニティとしての共同所有と共同利用による自然資源との関係性の作り方が、地球環境問題と社会構造的に切り結ぶ概念であることがわかるだろう。

地域の力の起源となるレジリエンス（再生力）とは何か ——リスク社会を生き抜く生活哲学

資本主義とともに工業文明が進み、近代社会は「資本の生産・分配」以上に「リスクの生産・分配」が社会の基礎構造となる、という主張が1980年代以来、ドイツの社会学者ウルリヒ・ベックの『危険社会——新しい近代への道』を中心として展開されてきた。ベックはチェルノブイリ原発事故後のソ連邦の崩壊や、地球規模の気象変動など環境問題の激化が地球規模の秩序を脅かすことを予言していた。気候変動による環境危機にプラスして、冷戦終結にともなって新たに広がってきた民族対立による国際紛争はますます激甚化し、1990年代初頭の湾岸危機を皮切りに、2001年のニューヨーク高層ビルが襲われたイスラム過激派によるテロを経て、直近にはロシアのプーチン大統領によるウクライナ侵攻にまで展開してきてしまった。ウクライナ侵攻を受けてのエネルギー価格の高騰や食糧不安は、国際的リスクに、私たち国民の日々の暮らしが直面していることになる。このようなリスク拡大の時代に、本書で展開してきたコミュニティ主義の有効性はいかに説得力をもつのであろうか。そこでのキーワードは「レジリエンス」という概念となるだろう。

レジリエンスとは、もともと、外部からの一定の力や変化に対して、弾力、回復力といった「治療する、立ち直る」という要素を含み、それに向けた「対抗力」の意味をもつ。また、災害社会学におけるレジリエンスは、被災時にリスク（脆弱性）との対照軸としての回復力や復興力としてとらえられている。

琵琶湖環境問題や琵琶湖保全再生計画のあり方などを考察する際に、その回復力や対応力としてのレジリエンス研究が蓄積されている。例えば、湖岸堤は、琵琶湖の水位が上昇することからくる「溢れる水」を湖内に閉じ込めることで、湖岸の農地や集落への影響を防ぐという点において、居住住民にとっては、レジリエンスの効力が顕著に表れるものである。しかし、一方で、湖岸堤防がなかった時には、水位上昇に応じて、湖岸のヨシ帯や水田に、産卵のために入り込んできた魚類の移動を、湖岸堤防が妨げることになる。魚類にとっては、湖岸堤防は生息環境を狭める存在となる。つまり、環境をめぐるレジリエンスについては、主体をどこに置くかにより、まったく反対の評価となってしまう。

一方、琵琶湖の保全再生や復元の目標等の項目を事前調査や立案の早い段階で盛り込む形でその回復力を図ったうえで、対応することの重要性を示している研究がある。「琵琶湖保全再生計画の試金石――生物多様性の保全をめぐって」（秋山，2020）では、沿岸のレジリエンスからみた琵琶湖保全・再生のとらえ方は、示唆に富んでいる。秋山道雄（秋山，2020）によれば、物理的、生態系的、社会経済的レジリエンスのみならず、調査や保全施策などの推進の過程で市民や関係者が広く受け入れることの原動力を含めてとらえることの重要性が示しだされている。特に琵琶湖周辺では1970年代の赤潮発生問題の時代から、石けん運動などを経て、市民や住民参加の実態は、水質保全活動に加えて、ホタルや生き物などの住民主体の調査研究にまで広がり、それが結果的に、あとで紹介する琵琶湖博物館の建設や交流活動につながっていった。これらの一連の活動を嘉田は「地域社会が共同で生活を維持するための文化的戦略」ととらえている（遊磨・嘉田ほか，1998）。このことから地域社会においては、生活実態における戦略的レジリエンスについて改めて考えることが必要であろう。

このように、レジリエンスは「弱さや衰弱に抵抗する、回復する」ことでリスクを小さくする一種のちからとしてとらえるだけではなく、実際の生活実態の中からとらえることが重要である。平常時でも外圧や外力がない時でも、静かに進行しつつ脆弱性がある。例えば、失いたくないものをなくしてしまいそうな慣習や、なくしたくないものの伝承を含めて、それを気づきにくいうちに失うという脆弱性の「平常化」といったものであろう。

ここであえて、平常時の地域社会における脆弱性に対応できる人と自然、人と人の関わり方の中から考えてみる。「いざというとき」や「もしものとき」の備えとして地域の力をどのようにとらえるのかを考えるため、本書の全半の琵琶湖辺のモノグラフで展開してきた「水と生活」「水と生業」「生活組織」の三つの側面を抽出してみる。

一つは、「何げなくみんなが楽しい」共感を源に置く人びとの働きかけが継続することが地域の力の構築につながるという「精神性」や「ココロのあり方」に注目するアプローチである。このアプローチは、「水と生活」で示した環境的脆弱性に対する人びとの「共感的レジリエンス」と置き換えて呼ぶことができる。

特に強調できる点は、何げなく「みんなが楽しい」といったような「共感できるもの」が「シンプル」であっても、時には地域を支える大きな力として発揮するものでもある。この種の共感は、世代を超えた「共感」の伝承から生み出され、暮らしに安心感をもたらすだけでなく、一方「近寄らない／近寄れない」水環境を作り出さないための備えでもある。これは、地域社会における環境弱者を作り出さないための戦略でもある。ここでいう環境弱者とは、地域の中にある水環境に安心して「近寄る」ことができない人びとである。現代社会は、環境弱者が続出するなど変容をしている。このような地域を、「脆弱の平常化」する地域としてとらえるならば、その生活実態から社会の変化を問う必要がある。

二つ目は、「水と生業」で示した資源間の合理性への配慮をめぐる礼節な姿勢を貫くことで保たれる「複合的循環のサイクル」である。いわばモノの循環の合理性に根差したレジリエンスといえる。米生産を中心としつつ、水田に入りこむ魚類の捕獲をとおして、さらに水草やヨシの繁茂による生業複合の有利性が発揮される。これによって水環境を自由度の高いコモンズ空間として維持することが可能となる。これを、「循環レジリエンス」と呼ぶ。

上記の水環境をめぐる「精神的」「物質的」アプローチに合わせて、第３の地域の力の構築には、「組織の力」が必要である。生活組織をベースにした「つながり」の力を発揮することで、地域社会を支える底力としての構築につながるという、働きかけのしかたである。その典型的な例としては、「生活組織」でみられた個人と個人、家と家などの連合に基づいた多種多様な組織の存在である。この組織の力は、地域の課題解決を細分化し、それを分担する結果として、暮らしを支える基盤となっている。

水辺がもたらす非常時や平常時におけるリスクを抑え、生活に溶け込むかたちでリスクをめぐみに変えるための工夫は、人と自然との関わりにおける関係の再生の仕組みでもあった。いわば、平常時に潜む社会的リスクとは、従来の仕組みの不可視化を取り除くことに力をいれることが必要であろう。非常時に潜むリスクに巧みに対応するための事前の備えのみならず、平常時のめぐみ的要素をいかに残すかということを含めて、地域社会のレジリエンスの一つとして考える必要があるのではないだろうか。

次節では、琵琶湖辺の近代化のプロセスで、特に水害への対応をめぐり、歴史的に蓄積されてきた地域共同体による内在的なコミュニティとしてのレジリエンスが、近代化の過程で脆弱化され、国や県への行政依存が進む中で、国家主義による大型施設などによる水害対策への依存が結果的に、水害の潜在的被害を増やすことになってしまった、そのプロセスを解説したい。その結果、滋賀県では、過去の地域共同体による内在的レジリエンスを活かす形で、水源の森林保全から河川の流れに沿った堤防強化などとあわせて、土地利用や建物への配慮、避難体制の強化など、「ためて」「ながして」「とどめて」「そなえる」という多重防護の流域治水政策を推進し、2014年３月には全国ではじめての「滋賀県流域治水推進条例」を定めた。リスク社会を生き抜く地域社会の力をとりもどすための政策として紹介したい。

3　流域治水政策は、地域共同体の内在的レジリエンスの強化をめざす

嘉田らは1974年（昭和49）に琵琶湖辺の水田農村にはじめて入り、土地と水の利用の仕組みや、琵琶湖の魚類も同時に活用する「半農半漁」の暮らしぶりを環境社会学的に進めてきた（鳥越・嘉田，1984；鳥越，1989；嘉田，1995；2001；2002）。そこで発見したことは、昭和30年代までの琵琶湖辺の水田農業は、化学肥料や近代農薬を使うことなく、湖や河川や森林から栄養分を取り入れて自給農業を成立させ、同時に人間の屎尿も捨てることなく「養い水」として農業生産に活用する、徹底的に「資源循環型」の農業生産の仕組みだった。生活用水も水道はなく湖水、川水、井戸水など「近い水」を活用し、鍋の洗い水もコイなどの生き物が食べて、水そのものは清浄に保っていた。

いわば、地域での「近い水」を活用していた。「田植え」から「稲刈り」まで農作業は基本的に人力と、地域により牛や馬を使っていた。一部には農耕用の小型耕運機が導入されていたが、基本は人力だった。

さらに、大雨の時には、河川の見回りは村落で自主的に行い、河川の改修や堤防補強も村落の自主的な営みであった。小さな洪水は多かったが、人びとの洪水への備えは地域共同体として強固で、死者数は比較的少なくてすんだ。災害への備え、つまり地域での内在的な再生力（レジリエンス）が生きていたことになる。また治水工事の費用負担も、県などからの補助金もあったが、基本は住民負担だった。河川管理は河川沿線の地域共同体の自主管理に任されていた。治水の面でも「近い水」が生きていた。「近い水」とは、物理的に地域住民に近い水域を意味するだけでなく、管理面でも、地域共同体の自己管理が可能であった、という意味で社会参画の意味もある。そして同時に、心理的にも、自分たちの川、自分たちが共感をもって、利用しながら守る、つまり「守りをする河川」という意識が生きていたことを意味する。

しかし、これらの自給的な「近い水」の暮らし、「近いエネルギー」「近い人」が担ってきた農業生産は昭和40年代以降の近代化の中で急激に変わる。まずは人手を省く方法から、除草剤などの農薬が導入され、飲み水が汚染され始めた。そこから湖水や川水から井戸や水道など、「遠い水」が導入される。生活様式も油分などの利用が増え、洗濯機なども導入され、河川や琵琶湖の水質汚濁が進む。それに対応して、下水処理場が広がり、人間の屎尿は、肥料としての栄養分ではなく、排除するべき汚濁物に変わる。都市化が進んだ地域では工場排水も増えてくる。住宅団地が進出してくると、排水が増えて、下水道導入要望は一層強まってくる。エネルギー的にみると、水道も下水道も、電気や石油エネルギーなど、海外からの輸入に依存する「遠いエネルギー」が導入されてきたことを意味する。

日本全体が高度経済成長期に入り、都市用水の需要が増えると、水源開発がすすみ、水源用の利水ダムが必要となってくる。同時にそれまでの農地が宅地化されると、河川の中に洪水を閉じ込めて都市開発用地の需要が増え、河川の堤防を高くして、上流部には治水ダムをつくるニーズも高まってくる。

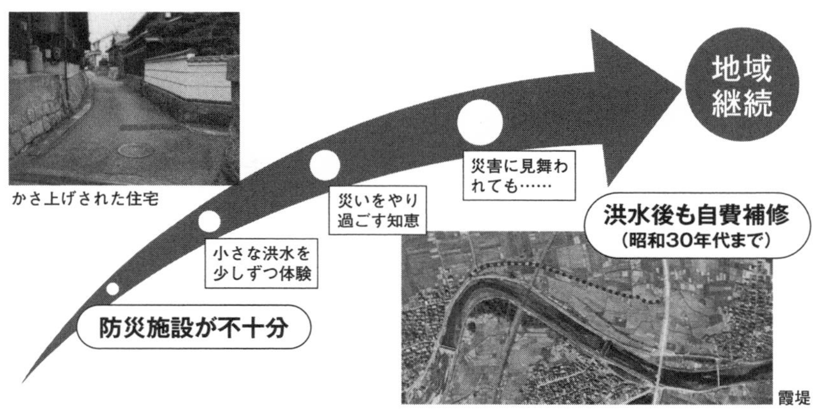

図1　「近い水」の時代には、住民自身の間に災害の再生力（レジリエンス）が生きていた

それまで治水事業は地元住民の負担があったが、昭和20年代後半からは、完全に公費負担となり、河川管理者としては、治水は税金で賄う必要が出てくる。一方、利水ダムの負担は水道（農業用水）利用者からの賦課金で賄うことができるように、同じダムをつくるなら多目的ダムを選択することが行政としては合理的な判断となる。それで河川の最上流部から下流部まで水系一貫の管理の仕組みが必要とされ、1964年（昭和39）の河川法改正となり、多目的ダムと堤防の強化が図られる。河川内部に洪水を閉じ込める河川政策は、昭和40年代から平成時代に求められた河川政策となった。住民にとってみたら、物理的に同じ河川でも、一級河川化などが進み、県や国が管理をすすめるようになり、住民が河川を利用する自由もなくなり、また河川の守りをする必要性も失われ、川は県や国のものになる。物理的に近くても、社会的な参加度は低くなり、心理的にも「遠い存在」となっていく。住民にとっては、河川管理の負担が減り、喜ばしい面もあったが、河川の水利用や河川敷の利用など、地域の自由度が低くなり、さびしく思う住民もいた。

一方、2000年代に入り、温暖化の影響と思われる大洪水が増えてくる中で、上流部にダムが建設されていても、計画規模を超える洪水が増えて、ダム容

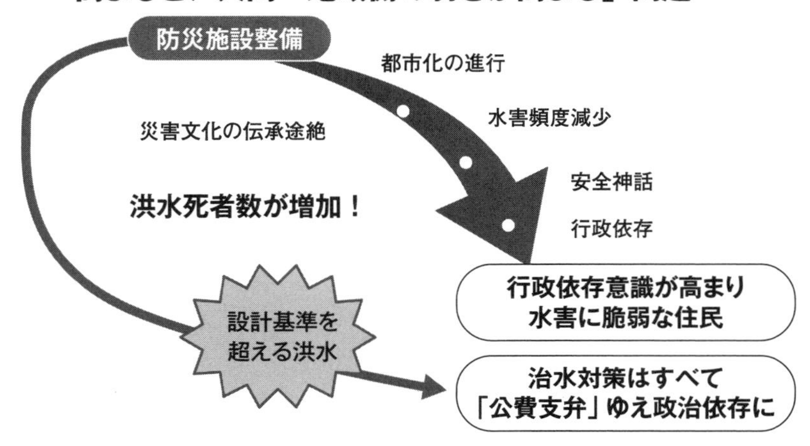

図２　「遠い水」となった後の水害被害の増大をめぐる

量を超える緊急放流が増えたり、また堤防を越えたり、堤防が破壊された洪水が増えてくる。いわゆる計画規模を超える「超過洪水」の発生だ。沿川住民にとっては、行政依存度が高まり、水害を防ぐのは行政という意識が強まり、避難体制も脆弱化して、逆に洪水死者数が増える結果ともなってきた。特に2015年から2020年にかけて、毎年１兆円を超える水害被害が発生し、毎年100名を超える水害死亡者が発生している。

そのような中で、日本では、2020年に、水源地の森林保全や、洪水常襲地には住宅などをつくらないという土地利用や、つくるなら縦方向の避難が可能となる２階建て、３階建てなどを推奨する「あらゆる人たちが共同できる」「流域治水」政策を採用するようになった。

実は流域治水を条例として定めたのは、2014年、滋賀県が最初であった。滋賀県の流域治水条例の背景には、上記の「近い水」の伝統的な治水の仕組みがあった。滋賀県がすすめる流域治水を一枚にまとめたものが図３である。ここには、かつての村落共同体が数百年をかけて積み上げてきた「ためる」「ながす」「とどめる」「そなえる」の四つの仕組みを現代社会に埋め込み人命を救うことを最優先とする治水政策が盛り込まれている。全国でも初めての

図３　滋賀県が進める伝統的なコミュニティによるレジリエンスを埋め込んだ流域治水条例

県レベルでの政策である。森林地域や水田、湿地や遊水地での保水を「ためる」政策、河川の改修や堤防補強では現代的な技術を活用して「ながす」政策、そして「とどめる」政策では、浸水危険地域には住宅や福祉施設などの建設を行わない土地利用配慮、また浸水危険区域での住宅建設には、縦方向に避難が可能な嵩上げなどの義務化をいれこんだ。また危険性が迫っている時には、近隣での避難体制の強化をした「そなえる」対策。この四つの対策は、温暖化により、計画規模を超える洪水が起きても、人びとの命を守り、生活再建を不能とするほどの洪水をあらかじめ避けられるよう、レジリエンスを埋め込んだ政策といえる。

一方で、日本国内でも、気候変動により洪水リスクが高まっているので、ダム建設が必要という世論の喚起があり、例えば関西の複数知事が、嘉田自身も含め、2008年にいったん凍結した大戸（だいど）川ダムであったが（嘉田，2012）、2021年になり、2013年の洪水を理由に復活された。また九州熊本県でも2008

年９月にいったん「白紙撤回」された川辺川(かわべ)ダムが、2020年７月の球磨(くま)川水害を理由として、2022年には、国土交通省により復活された（嘉田編，2021）。

嘉田自身は、治水に対してダム建設は一定程度効果があると評価をする。しかし、一方で、気候変動の原因となっている、地球上をコンクリートなどで覆いつくす「人新世」のこれ以上の拡大を行うことは、予防措置を放棄していることになる。日本のように人口減少時代に入り、都市が拡大していた時代と異なり、都市地域を、森林や農地、あるいは湿地などに戻して、グリーンインフラを拡大することで、生物多様性も確保でき、生態系の再生も可能となるであろうと判断している。生態系に配慮した防災・減災対策、EcoDRR（Ecosystem-based Disaster Risk Reduction），あるいはオランダやイギリスなどで進められている、川の空間確保（Room for the River）政策こそが気候変動時代のあるべき治水政策であろうと考えている。

気候変動で水害が増えたから、河川をコンクリートダムで固める、という政策選択は、斎藤幸平がいう「惨事便乗型資本主義」といえるだろう。伝統的な日本人の倫理観でいうなら「火事場泥棒」だ。ある人びとが、あるいは生態系破壊や生物多様性喪失という、生き物にとって過酷な環境をつくりだし、短期的に目先の人間の功利的な利益を求める政策は、地球正義感からみても避けるべきだろう（嘉田編，2021）。

4 コミュニティ主義の実践と交流の場としての琵琶湖博物館

これまで述べたようなコミュニティ主義による水と人間の関わりを、博物館の展示と交流を介して社会的存在として計画されたのが、1996年に開館した琵琶湖博物館だ。嘉田は1980年代初頭から琵琶湖研究所で、「湖と人間」の関係性にかかわる研究を文科系と理科系の研究者で学際的にすすめてきたが、県民参加で、その琵琶湖の価値を理解し深める場がなかった。そこで嘉田らは、当時の研究仲間や行政関係者とともに、琵琶湖博物館の提案を行った（嘉田・大西，1986）。ここでは、湖というフィールドへ人びとを誘い、交流の場となるミュージアムとして、人びとととともに生業や暮らしなどに関するさまざまな展示や交流活動を提案した。10年の準備期間をへて、1996年に開館した当時から、「湖と人びとのくらし」を考えるための展示が実現されている。

C展示室においては、農村の暮らしをモデルにし、人びとの生活や生業がいかに資源循環を基礎として合理的に成り立っていたのかを再現し、異なる世代の人びとが異なる生活様式を理解しあう場となっている。この展示室には、最も難しいとされる社会科学的側面からのアプローチによって展示されるものがあり、「関係性を伝える博物館展示」活動の一つとして位置づけられている（川那部，2000）。

特に農家の再現展示では、民家、田畑、山、水と暮らしの関係を再現している（嘉田・古川，2004）。民家の屋外に川の水を引くカワヤ（針江のカバタと類似）、灰小屋、田畑などを配置した。「モノ」の流れについては、以下となる。川から水や水草、泥などの資源をとり、山から燃料や生活資材を確保し、田畑から燃料や食材を蓄え、家庭からの生ごみや屎尿を田畑への堆肥とし、灰小屋で貯めた灰を肥料や洗濯用にまわす。これらをセットでモノの循環システムとともに暮らしが成り立つことが再現している。生活情景再現展示を通して、琵琶湖周辺の農村に蓄積される暮らしやその知恵（循環システムを含む）などをいかに伝えるか、いかに多くの人とともに「望ましい社会」について考えていくかにあたって、人と博物館と地域のつながりを含めて、私たち展示を企画した担当学芸員は考えていた。展示活動や博物館交流事業などは、暮らしを問い直す場の提供を介して、博物館内外での交流や関心を深め、これからの暮らしを改めて見つめる機会を広げ、琵琶湖の経験を世界への切実なメッセージとして発信

写真１　滋賀県立琵琶湖博物館C展示室「カワヤ」

することにつながっている（嘉田，2019）。

さらに本書で中国太湖周辺の「魚米の郷」と比較する研究が生まれてきたのは、琵琶湖博物館で1997年に始まった「水田総合研究」がその最初の糸口であった。琵琶湖集水域での土地利用上もっとも面積が大きい水田について、「歴史的アプローチ」「生態的アプローチ」「生活・生産的アプローチ」として、三つの領域から総合研究を提起した。全体責任者は嘉田由紀子だった。歴史的アプローチでは2300年前の弥生時代に始まった琵琶湖周辺の水田の歴史的分析を考古学や花粉分析学などでアプローチする。生態学では水田に暮らす生物の種間関係を、山間部や平野部、湖辺などの水田タイプによりわけて分析をする。生活・生産アプローチは、農家や住民にとっての田んぼの意味や意義を生物との関わりで解明する、という提案だった。

しかし、この研究は当時の琵琶湖博物館の研究方針にそぐわない、と1998年に中止となった。当時の琵琶湖博物館の学芸員30名のほとんどすべての研究者にそれぞれの部門担当をしていただきながら、行政や研究者などの参加をよびかけて５年計画で始めたが、最初の１年目の研究審査会で「却下」となってしまったのだ。理由は、「研究テーマが拡散的で柱がみえない」「社会学的な研究手法として提案されている記憶による復元では科学は構成できない」「水田の利用なら減反政策など農業政策との関係にしぼるべき」という３点だった。いったん却下となったが、嘉田が代表を下り、魚類学の前畑政善が、琵琶湖と水田を移動するコイ科魚類の産卵条件を見る中で水田の価値を評価できる研究を2000年に開始して、水田が琵琶湖の魚類の産卵場としての役割を大きく果たしていることが魚類学的に証明された。そして琵琶湖博物館に出向していた農政水産部の職員の力もあり、県の政策に展開していった。その一つが「魚のゆりかご水田」政策だ。

5 「魚のゆりかご水田」と「琵琶湖システム」の世界農業遺産認定へ

琵琶湖周辺の田んぼは、第Ⅰ部の針江の領域で詳しく紹介したように、琵琶湖の水位が上がる梅雨時には水につかり、ニゴロブナやコイなどが田んぼに入りこんで産卵した。湖魚が産卵のために群れをなして琵琶湖から田んぼなどへ押し寄せてくる姿は「うおじま」と呼ばれていた。しかし、琵琶湖総合開発で、湖岸に湖と水田を分離する湖岸堤防ができ、また個別の水田も圃場整備で、用水路と排水路が分離され、魚が水路から水田に上ることもできなくなった。そこで琵琶湖から水路、そして水田へと魚がのぼれるように、田んぼに魚道をつくり、「魚のゆりかご水田」として政策化をしてきた。

このような魚道をつくるには、個別の水田を所有する農家だけでなく、水路の両側の所有者たちが、いわば水路共同体として協力をする必要がある。地域共同体での協力があるからこそ実現できる、魚類に配慮した生物多様性を維持できる農業システムだ。2006年に滋賀県知事に就任した嘉田由紀子は知事として、この政策の社会的、生態的意味と意義をひろめ、力をいれてきた。知事時代に協調したのは、「魚のゆりかご水田は五方よし」というねらいと成果だ。

つまり、①「魚によし」、②「琵琶湖によし」、③「農家によし」、④「地域によし」。⑤「子どもによし」だ。「魚によし」は、湖岸堤防や内湖の干拓で産卵場を失っていた魚類には産卵機会が広がる。結果として「琵琶湖によし」となる。琵琶湖の生態系が豊かになり漁業資源も増える。「農家によし」は、農薬や化学肥料を減らし安全な米が入手できる。また、ゆりかご水田米の価格も通常米よりも高くなる。「地域によし」はイベント化することで、地域住民の交流の場となる。また水路の共有意識が深まり、地域共同体の強化にもつながる。そして、子どもたちには魚をつかめる遊び場が増えることになる。2021年には琵琶湖辺の23地域、182haで「魚のゆりかご水田」がすすめられている。

そしてこの政策は、本書で協調してきた針江のような農漁の生業複合であり、また中国江南の「魚米の郷」の生業複合とも、歴史文化的につながった現代的な成果といえる。

「魚のゆりかご水田」を柱に、琵琶湖に流れ込む河川の最上流部の水源涵養を意図した「水源林保全」、農薬や化学肥料の使用を制限して安全性を高め

琵琶湖周辺の田園環境

昭和40年頃まで

○湖岸の水田は、琵琶湖の水位の変動による浸水被害や田舟による農作業など、農家は大変苦労されました。
○一方で、えさになるプランクトンが豊富であたたかい田んぼは、湖魚の産卵・繁殖に格好の場所、まさに『魚のゆりかご』としての役割を担っていました。

昭和40年代から現在にかけて

○ほ場整備により、生産性の向上や農業経営の改善が図られました。
○一方で、乾田化のために水路を深くしたため、魚が田んぼに遡上しにくくなりました。

魚のゆりかご水田プロジェクト

○「世代をつなぐ農村まるごと保全向上対策」などを活用し、『魚のゆりかご水田プロジェクト』に取り組み、農業生産性を維持しながら、魚が産卵・成育できる水田環境を取り戻します。

湖岸の田んぼと魚の関係

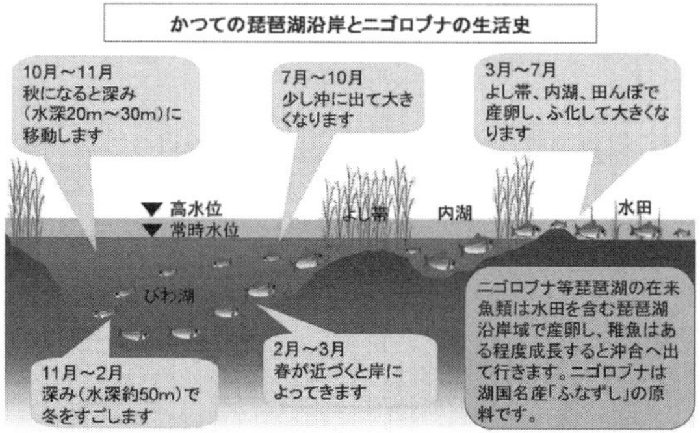

○琵琶湖と田んぼの間を自由に行き来していました。

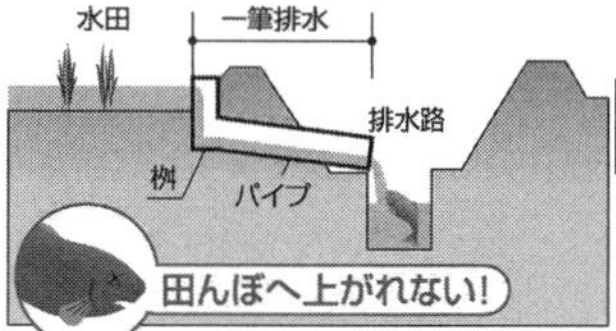

ほ場整備によってできた水田と排水路の落差

○排水路の整備に伴い、琵琶湖と水田が分断されました。

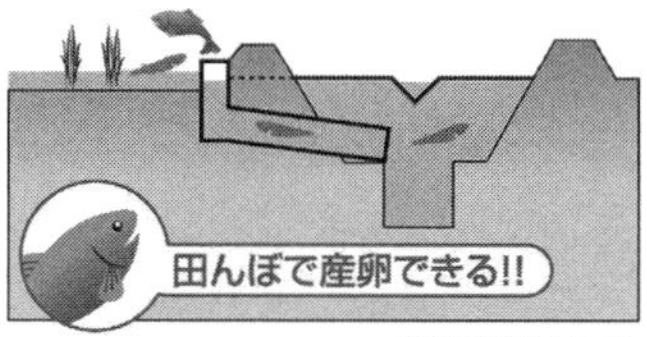

魚道設置による水田と排水路の落差解消

○魚道の設置により水位が階段状に田んぼの高さまで上がり、湖魚が田んぼで産卵成育することができます。

図4　魚のゆりかご水田の仕組み（出典：滋賀県農政水産部農村振興課）

図5　「五方よし」の魚のゆりかご水田の活動展開
（出典：滋賀県HP上で掲載されたものの転用と一部改変して作成）

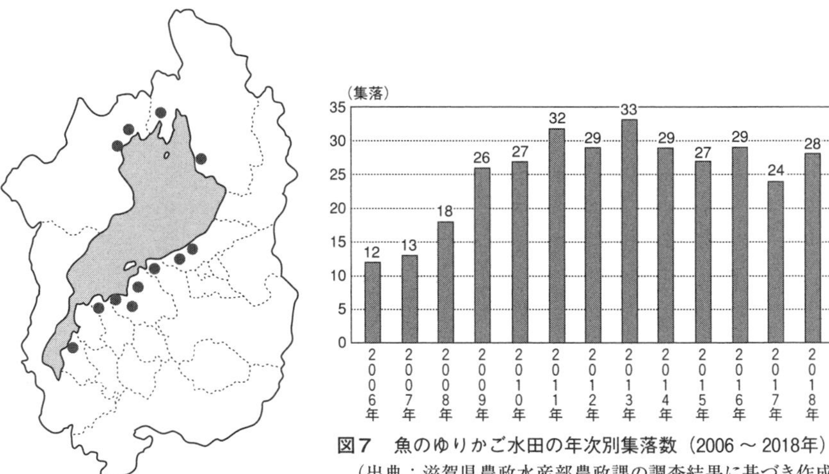

図6　魚のゆりかご水田の分布図（2021年まで）
（出典：滋賀県農政水産部農政課の調査結果に基づき作成）

図7　魚のゆりかご水田の年次別集落数（2006～2018年）
（出典：滋賀県農政水産部農政課の調査結果に基づき作成）

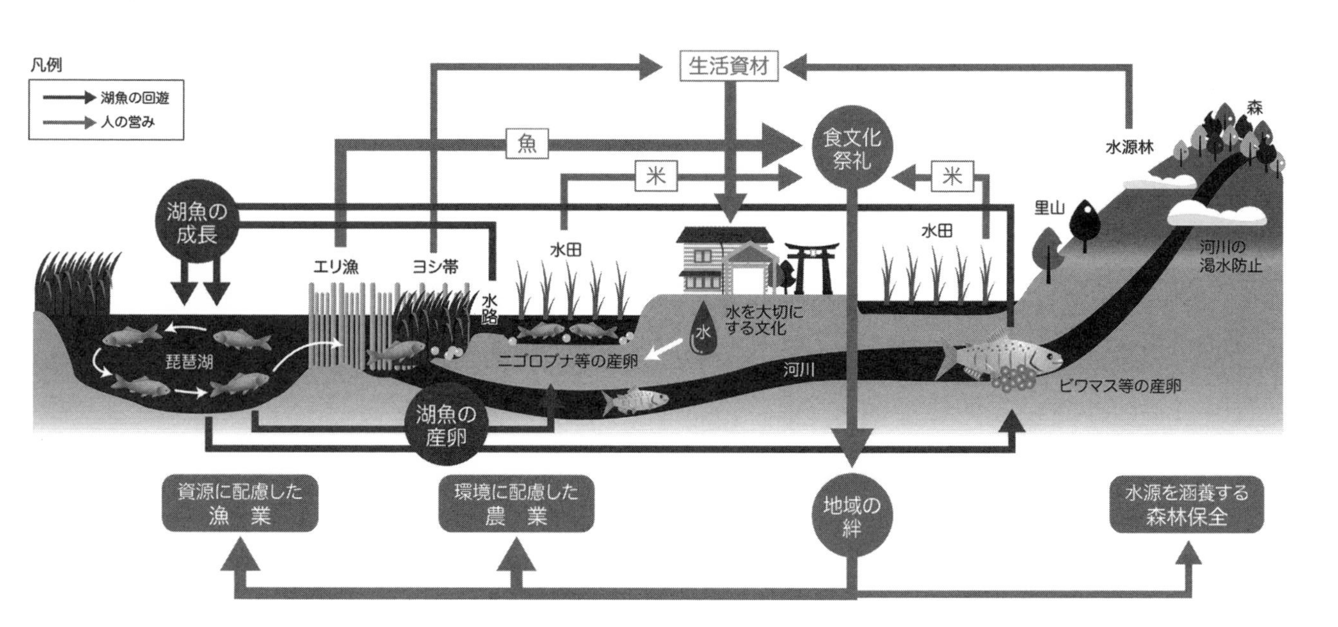

図8　琵琶湖システムを横断的に説明した図（原図：滋賀県農政水産部農政課）

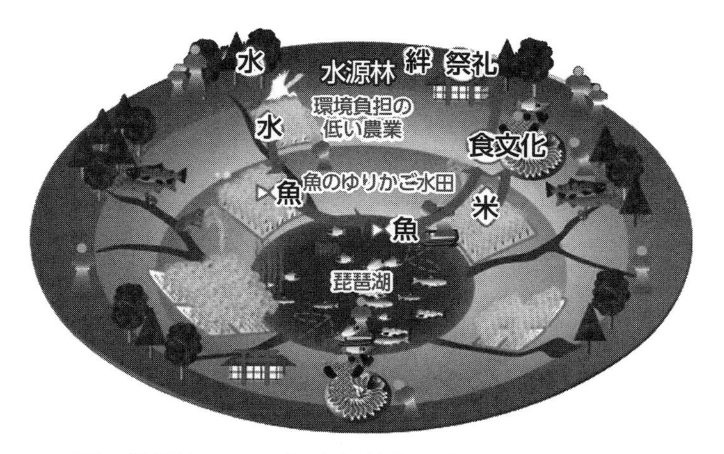

図9　琵琶湖システムの成り立ち（出典：滋賀県農政水産部農政課）

る「環境こだわり農業」、そして、エリなどの伝統的な漁法を活かした「琵琶湖漁業」という、森・里・川・湖の生態系がつながる生業複合を「琵琶湖システム」と名づけた。さらに、このような自然の仕組みに寄り添って、ここにニゴロブナの伝統的保存食であるフナずしの食文化や、フナずしを神社の神饌としてお備えする祭り文化など、自然と文化の統合的な仕組みも「琵琶湖システム」の重要な要素となった。

琵琶湖システムの基本となっている琵琶湖は、国際的にも重要な役割を果たす400万年の歴史をもつ古代湖であり、ニゴロブナやビワマスなどは、琵琶湖で独自に進化をしてきた固有種でもある。さらに、エリ漁は、水田やヨシ帯にあがってくる湖魚の生態を巧みに利用した資源保全型漁法であり、中国など南方地方から2000年近く前に導入されてきたと推測される伝統的漁法でもある。さらに、農業を行いながらエリ漁具を設置して半農半漁の生業も長い間に地域の生活基盤を提供してきた。また、河川に遡上する湖魚の産卵環境の保全に寄与する多様な主体による森林保全の営みや琵琶湖の環境に配慮した農業など、森、川、水田、湖のつながりは、世界的に貴重なものである。このような琵琶湖と共生する農林水産業は、1000年以上の歴史を有するもので、「森・里・湖に育まれる漁業と農業が織りなす『琵琶湖システム』」として、資源循環型流域管理のモデルとして提示し、2019年には日本農業遺産と

写真２　「世界農業遺産」認定報告会では老若男女が喜びを分かちあった（提供：滋賀県）

なった。そして、2022年７月には国連食糧農業機関（FAO）が認定する「世界農業遺産（Globally Important Agricultural Heritage Systems）」に認定された（写真２）。世界農業遺産は、農業に加え、林業や水産業も含む制度として、国連FAOが創設したものである。伝統的知識・技術の活用や、持続可能性が評価の対象となる。

琵琶湖辺のエリ漁や内湖の漁法の資源保全的な営みは、本書の滋賀県高島市針江の生業部分でも詳しく解説をしてきたが、社会的には、すでに時代遅れで、近代化の流れに取り残されたと判断されがちだった農漁複合システムが、国際的な資源保全型の生業として認定されたことは、針江の住民だけでなく、琵琶湖辺で農業をしながらエリ漁を営む多くの住民にとっては、琵琶湖とともに生きる誇りをとりもどす国際的評価ともいえるだろう。

近代化の中で、経済成長や技術的革新から取り残されてきたと認識されてきた、2000年来の農林水産業の仕組みは、今や国際的な先駆的モデルとして認識されつつある。日本の琵琶湖周辺で起きてきた同様の動きは、中国でも並行して進んできた。その点について次節で詳しくみてみたい。

 中国におけるコミュニティ主義の新しい流れと世界農業遺産

太湖流域は山地・丘陵部と平野に分けられ、山地・丘陵部は流域面積の約６分の１、平野部は流域面積の約６分の５を占めている。平野部は沼や川、水路など水系が密集している。

都市化や湖と人の関わりの変化にともない、生業をめぐる環境対策は、「退漁還湖」や「退耕還湿」が執行され、湖辺に近い水田や養殖場を減らし、大量の水を必要としない農業形態に転換されるようになった。本書の第Ⅳ部第３章で詳しく確認してきたとおりだ。

一方、近年、盛んになってきたのは「美しい農村や地域づくり」のため、伝統的生活・生業、生態や農業などを活かそうとする取り組みであり、多くの農村で進行されつつある。その背景には2013年に「留守の村、記憶の中の故郷」にならないように、伝統的村落の保全や農村環境づくりを含めて農村政策の一環として進められている。2014年には、地域条件を活かしたかたちで、「生態保護型」「社会総合整備型」「文化伝承型」「漁業発展型」「休暇旅行型」などといった10のモデル農村づくりが提唱された。その中で、行政主導やガバナンス重視、住民視点の欠如や暮らしシステムの途切れなどの課題が浮かびあがり、その根本的解決への糸口が探索されつつある。

そこに暮らす居住者にとって最も喜ばれているのは、「生態保護型」「社会総合整備型」「文化伝承型」「漁業発展型」「休暇旅行型」などの要素が一体となって全面に維持されているケースであった。その基盤となっているのは、漁・農をめぐる伝統的生活・生業によって支えられ、生活・生業をまるごと次世代に伝承する仕組みとなっている。前節で記述した「桑基魚塘」のような、養蚕と魚類養殖を複合化した荻港村における実践もその一つである。しかしながら、これまで灌漑用水として利用していた川や水路、池などの減少により、取水困難な状況に陥ることや高齢化社会の問題と相まって離農現象が深刻化している農村もある。このような農村では、生活や生業上で自然との関わりが途切れたことに対して、いかなる取り組みによって自然と人の関

係の修復が可能となるかを考える必要がある。そのため、すでに成熟した日本社会での琵琶湖や針江地域での実践は、中国農村の今後の方向を決める上でも参考となる要素が秘められている。特に暮らしをベースにした環境政策設計には、経験の継続、体験や水遊びなどといった生活や生業の中で「楽しむ・遊ぶ・親しむ」型の水環境や地域づくりの要素をいかに取り戻せるかが重要となってくると考える。都市化が進んでも、逆に都市化が進めば進むほど、人びとは、水辺の遊びや魚つかみ、狩猟採集的な体験など、自然に「ふれる・楽しむ・親しむ」要素を含めた、自然の中での体験を求めるものであろう。これは、チクセントミハイのような心理学者が「楽しみの社会学」で研究した理論に根ざしている（チクセントミハイ，1996）。

住民参加という視点からみると、中国でも2013年から「よりグリーンな水」対策の一環として、住民が水と関わる機会を重視した取り組みが行われつつある。近年、小中学校などを中心とした水環境の体験などさまざまな活動を通じて、若者の環境観を育成することを重視し、学校型の取り組みが広まりつつある。しかしその多くは、環境に関する「科学」や「技術」に主な視点が置かれているところがある。

一方、河川と人の関係を取り戻すための活動において、河川の管理責任を決め、水質の改善の責務を負う仕組みが最近導入された。

現代の水環境問題には、中国農村部における水不足と水質汚染の問題が顕著に存在し続けている。1950年代頃から、各地で地下水開発やダム建設などで地下水は減少した。さらに1980年代からは水質汚染、山林伐採などの影響で、河川や湖沼など水域の水量の減少やダムの枯渇などにより水環境問題がさらに深刻化した。

河川や湖沼の水質基準は、五つに分類される。Ⅰ類は主に源流の水、Ⅱ類は主に一級保護区の生活飲用水、Ⅴ類は主に農業用水区及び景観に必要な水域に適用、劣Ⅴ類は処理していない下水である。『2016年中国環境状況公報』の統計によれば、2016年、全国1,940地点で測定された河川断面のうち、Ⅰ類は2.4％、劣Ⅴ類は16.8％であった（『2016年中国環境状況公報』，2016）。水質汚染の多くは農村部から発生し、水質の処理率や汚染水処理施設の稼働率は低く、地域間の格差も大きい（祁，2020）。

こうした水環境問題に対して、水利建設や水環境を管理・管轄する各地の水利局や環境保護局など部局が連携をし、種々の条例整備や政策施行などが急がれていた。その後、2015年には、「水汚染の防止と整備行動計画」が施行され、水質汚染問題の全面解決を図ることとなった。しかしながら、地域や水域によって水質汚染問題は依然解決に至らないところがある。主な原因の一つに、流域ガバナンスにおける管理主体や直接責任主体の不在や行政の不作為によるものである。

そこで、水環境管理の職責の分散問題を解決するため、2016年、「河長（かちょう）制度の全面推進に関する意見」が中央弁公庁と国務院によって施行され、中央政府や地方自体体の行政機関などによる環境保全の強化や政策の実施が加速化した。「河長制」は、各省、市、県、郷の行政レベルで総河長を設立し、各行政単位の長が河川の保護責任者となる制度である。その責務は水資源の保護、河川と湖の管理、水汚染の防止・整備、汚染源への対応や水環境管理などにわたる。これにともない、河長会議制度、汚染情報共有制度、業務監督や監査制度等を設けた。2018年、全国の省市県郷域から村域の流域の河長制まで拡大されている。さらに2021年５月、河長制のみならず、湖長制を含めた「河長湖長履職規範（試行）」が水利部によって施行された。その背景には、河川や池、湖など水域の水質保全がより一層強化され、地方自治体や地域、企業など、コミュニティによる環境管理の明確化や汚染防止対策への参画が推進され、その管理体制も多様化してきた経緯がある。

太湖周辺では、2007年、無錫市が施行した「無錫市河（湖、ダム、沼池など）断面水質控制目標及評価方法（試行）」をきっかけに、河長制度政策が始まった。もともと河川との長い年月にわたる暮らしの中で河辺の人びとは、河長の役割を果たしてきたが、アオコの大量発生による水質汚染問題を機に、さらに河長制が広く運行されるようになった。2008年、太湖流域において、市、県、鎮、村といった四つの域別の河長制度による流域の管理体制が推進された。2012年、「全省内の河道管理河長制工作意見の通知」に基づき、江蘇省全体まで河長制が推進された。

河長制度は、太湖流域の江蘇省のほか、洞庭湖周辺の湖南省、山西省撫河（ぶが）流域、雲南省など中国各地に広まっている（姚ほか, 2021）。その背景には、水質汚染が深刻化し、河川の環境管理体制が見直されるようになったことがある。その結果、河長と呼びうる管理主体や責任者を定めた制度が導入されるようになった。当初の制度は、行政が管理責任者と定められ、環境整備や監督、技術対応、水質浄化、汚染業者への対応、条例整備などといった業務内容であった。

7 村域コミュニティの流域対策における河長制度に基づく実践と課題

河長制度は、大きく二つに分けられる。一つは行政職員が水環境管理の責任者となる「政府系河長制度」であり、もう一つは、地域住民や企業などが管理責任者となる「民間系河長制度」である。

ここでは、流域対策における河長制度における課題を整理し、特に、村域コミュニティの民間系河長制度やその取り組みの現場の立場から、政策の可能性を指摘したい。

河長制度における評価体制が各地において運営されている。例えば、太湖流域の浙江省では、2014年に「浙江省の五水共治に関する評価制度」に基づき、河長制度の実施状況を評価することとなった。この評価制度には、評価主体や評価方法が単一であることから、河長制度をめぐる実施状況や結果の評価に客観性と公平性に影響を及ぼすと指摘されている（毛ほか, 2022）。また、村域における河長制度の運営上における問題点として、上層部から配分された職務を重視せざるを得ないことで現場の問題解決に至りにくいことや目標達成の可能性が低いこと、そして異なる河川状況でも同一の対応をしたため問題が未解決になったこと、さらに住民参加に至っていないと指摘されている（黄ほか, 2022）。

一方、村域コミュニティの河長制度の普及によって、村自身の発展状況から流域対策をめぐる責任責務の確保や保全主体の明確さに有効性があるとも

評価されている(馬ほか, 2022)。この点については、河長となる責任者が、省長や市長、村の場合は村長となったことで、確実に責任の所在を明確になっている点には即効性がある。その結果、管理結果の責任者としての責務や責任を追及することが可能となる。

しかしながら、これまでの先行研究においては、村域の流域に関わる主体やコミュニティとしての取り組みについては十分にはふれられていない。実際の現場の種々の取り組みの仕方や課題の解決に直面する際に、行政上層部からの責務を優先されると、直近の実務的管理者や執行対応者が不在となってしまうケースもある。いわば、「何かあったら、どこに問い合わせしたらよいのか、誰がどの基準で決めるのか」など、と住民たちが迷ってしまうような実態になってしまう。また、水環境汚染の中国の湖沼周辺の現場では、水環境対策において、これまで先進技術による汚染処理や汚染対策が主流であった。地方政府や行政の担当部署、学術や諮問会議でも、「政策の不明確さ、日常的な管理や監督の不在などといった課題に直面している。この問題には、多くの行政はとても悩まされている。

河川管理に対する行政政策について、嘉田由紀子は『流域治水がひらく川と人との関係』の中で、次のようにその方向性を示している。滋賀県では、「氾濫原減災対策を積極的に展開するための政策的戦略として、河川管理とは分離して氾濫原管理を所管する組織である「流域政策局」を新設し、河川管理と氾濫管理とを「二者択一」ではなく、「重層的に」推進する行政システムを構築することを考え」(嘉田, 2021)、実践政策が施行された。そして滋賀県の重層的な行政システムは、国でも「流域治水政策」として2021年には全国に広がりつつある。

河川には生活型河川や供水型河川などがあり、河川によって生活や生業様式が変わってくる。また村の中にも、郷、社区、隊など、さまざまなコミュニティや生活共同体が存在する中、流域に対する働きかけかたなどによって、流域の環境状況が変わってくる。そのため、個々の河川（村や集落内の小川や水路など）に関わる種々のコミュニティによる取り組みをみる必要がある。この点においては、特に本書で取り上げた滋賀県高島市針江における河川や内湖、湖辺とコミュニティの関わり方に注目に値し、太湖や洞庭湖周辺のみならず、各地の水環境問題の解決に有効な方向性を示してくれた。また滋賀県行政をはじめ、地域における多様なコミュニティにおけるやり方や実践経験は、さらにアジア稲作地にも応用できるものと考えられる。

さらに、「河は本来流れるものであり、流れのない河は良い河ではない」や「河の様子をみて汚染度がわかる、予測もできる」と、長年にわたって河辺に暮らす太湖周辺の江南水郷地帯の住民たちがよく語っている。このことから、河と生きる人びとは、常に河のことを熟知しシミュレーションをしていることがうかがえる。村域の行政系河長による取り組みには、水質の汚染度の測定が主流の一つとなり、河ごとの汚染シミュレーションが行われにくく、さらに地域住民との情報共有に至っていないところがある。この点においては、滋賀県では、全国に先駆けて流域治水条例を制定し、さまざまなシミュレーションにより地域ごとの状況や危険性を明示するなど、さまざまな対策を浸透している（嘉田，2021）。

環境汚染に対して、国際的なガバナンスのありかた、問題解決に向けた協力のありかたが模索されつつある。その中で、日中間の環境協力はすでに始まっている。2016年、「江蘇・日本経済貿易技術交流会」が東京で開催され、「湖沼流域の統合管理に関する中日連携研究と技術協力プラットフォーム」の覚書の調印が行われた。また中国訪問団が滋賀県庁諸部局や琵琶湖周辺各地も訪問し、流域管理をめぐる意見交換や技術交流が行われ、「産官学」による連携体制や協力体制づくりも進められている。水環境をめぐるコミュニティ連携の共同体も、その役割が果たされつつある。滋賀県における「流域管理」政策や実践は、アジアの環境とつながりを通じて、世界の水環境問題の解決にとって重要な存在となっている。

本来、河川の管理主体は、日々の生活や生業上の利用によって培ってきた住民たちであった。水郷地帯の里川でいえば、日常生活の中で、水をさまざまな形で使うことで、その使う側は次第に河川を管理する主体となっていき、いわゆる「河長」となっていった。近代社会に入ってから、河川は生活のみならず生業においてもその関わりが少なくなった。水面、水中、水底を含めての川は、住民の手から離れ、暮らしから切り離されてしまった。嘉田がいうように、いわゆる「遠い水」の出現だ。水質汚染を住民たちの生活生業上のちからでは完全に止めることにも限界があった。河の番長だった住民の代わりに行政の長が責任をもって担うこととなった。さまざまな変化にともない、水でつなぐ生活や生業の中で人と自然の距離が近いものは、ここ数十年の時間を経て、遠い存在となっていった。

現代社会においては、効率性や合理性を優先させ、回復が困難な状況まで環境を変え、生活・生業様式を変えてきた。その中で、回復や整える余地もある自然と人との関わりの仕組みの再建に望みがある地域はまだまだ存在すると予想される。したがって、「生活と生業の必要に応じる」という発想から人と自然の関わりを考え直してみることが必要である。

一方、「琵琶湖システム」が2022年７月に世界農業遺産に指定されたが、太湖周辺では、すでに2005年に世界農業遺産に指定された農漁複合システムを展開させてきた。

太湖周辺では、水田で養魚のみならず、カモ類、エビ類など、多様な生物と稲と共存する複合農業生産システムが明清時代から発展してきている（李ほか, 2014）。太湖周辺での水田養魚の水田には、コイ、アオウオ、ソウギョ、フナ、レンギョなど多様な魚種を飼いならしたり、飼育したりしている。太湖周辺の１エリアの江蘇省においては、水田養魚地は主に徐淮、里下河、洪沢湖、固城湖、宝応湖等の水辺エコトーンエリアに分布している。

一方、太湖周辺の１エリアの浙江省においても、多様な複合生業が営まれている。水田養魚の生業地のうち、最も知られているのは、浙江省中南部青田県である。青田県は、浙江省中南部、甌江流域の中下流域に位置し、青田県内には約31の郷鎮がある。青田地域における「稲魚共生システム」は、1200年の歴史をもち、最初の世界農業遺産地の一つとして、2005年に認定された。

2004年以前から、浙江省の行政機関や大学、研究所と連携して調査研究も実施されている。その結果、1978年代以降、青田県では、稲魚共生農業の発展が著しく、水田養魚の面積が１万畝から約10万畝を超えるまでに増加した。この地域の水田で生息する魚は、主にコイ科属で甌江彩鯉（赤色や黒色のコイを含む）であり、現地では「田魚」と呼ばれている。農家は稲を植える約５日前に稚魚を水田に放流し、稲の収穫より約１か月前に魚を収穫する。田魚は、稚魚から食用にするまで、２年かかるという。また、田魚は水田雑草や害虫を食べ、害虫予防にも役に立つことなどから、稲と魚とともに育つこともでき、水田と動植物との関係を巧みに利用する互生互恵システムである。

世界農業遺産に選定された青田稲魚共生システムのうち、青田県に属する龍現村における水田養魚システムも含まれている。龍現村は、青田県東南部方山郷に位置し、青田稲魚共生システムの中心エリアとなっている。龍現村における水田養魚をめぐる生活・生業は、先祖代々引き継がれ、800年以上の歴史があると言われている。水田や周辺水路での養魚のほか、人びとの家の周りの水のあるところに、どこでも魚の姿がある。この村は、代々氏族の居住地でもあり、世界各国に居住する華僑が多く、華僑の村として知られている。

2018年には、村に常駐居住人口が約160人、そのうち、農業従事者が約60人である。男性が主に水田養魚農業に専業的に従事する。一方、女性たちは水田養魚農業に従事しながら、水田養魚に関する伝統技術の習得や農耕芸術品づくり、稲や魚干しなどの農水産加工品つくりもしている。

しかしながら、過疎化や高齢化による村の人口減少が著しく、農業従事者が主に村に居住する高齢者となっている。その結果、一部の水田が耕作放棄せざるを得ない状況にあり、水田養魚の存続が困難な水田のなかには、養魚単一もしくは稲作単一の水田もある。

村に潜む多様なリスクを解消するため、2006年頃から、農耕文化の伝承の一環として、水田養魚技術の伝承や農水産の加工などを含めて、村の有形無形文化的資源を活かしながら、村おこしが試みられた。ここでは、世界農業遺産地域における水田養魚をめぐる「働きかけ」の脆弱・衰退は、地域社会の脆弱・衰退につながると考えられている。この考えから、世界農業遺産地を守るために、ともすれば見過ごされがちな生活弱者である農村女性コミュニティについてみておきたい。とりわけ、女性コミュニティによる取り組みから見られた課題を中心に見ておく。

村に居住している女性たちは、農閑期に田魚干し作業や干し魚、藁づくりなどといった稲魚共生に関連する農水産品づくりのほか、生活や生業に関する伝統文化の次世代への教育、さらに農耕文化の一つである「魚灯舞」と呼ばれる伝統民俗文化の伝承の一翼を担っている。水田で養殖するための魚種を継続的に確保するため、近隣の村の水田で育てられた魚と交換しなくてはならない。また、各農家の水田で生息・飼いならし・飼育する稚魚と稚魚の交換のほか、稚魚や米、稲藁、そして手間貸しなどでの交換も日常的に行われている。女性たちは「日常の何気ないことでも大事だ。水田も魚も人間も熟知関係にあるから大きなちからになるのだ」と口ぐちに言っている。

このように、龍現村に居住している女性たちだけではなく、近隣の村の女性たちとも関わりをもちながら、稲魚共生の村おこしにその輪を広げ、稲魚共生の村における女性コミュニティの活躍が次第に浸透するようになってきた。こうした稲魚共生による生業を介した日常的な関わり合いを通じて、水田と生き物、農家と農家、村と村のつながりは結ばれている。

しかしながら、村の女性コミュニティのちからだけでは、農業遺産地の種々の課題の解決に至らないことも多々ある。この場合、行政や県の関連部局、そして地域コミュニティとして、どのように対応できるかが鍵となる。例えば、村の女性コミュニティにおいては、村における多様な資源を観光資源として活用する観光活動に対して賛否両論が出されている状況にある（武ほか, 2022）。村の資源的価値をどのように活用し、村やコミュニティにとって、より適切で有効となるのかといった課題に直面している。中国でのこのような困難性は、日本の琵琶湖との比較に加えて、本書で追及してきたような、地球規模の環境問題との比較など、グローバルな視点を導入することで、今後の方向が開けていくのではないだろうか。最後にその点についてふれ、まとめとしたい。

8　琵琶湖、太湖の新たな連携に向けて

最後に、琵琶湖博物館と中国の博物館との連携関係について、紹介しよう。

写真３　滋賀県と湖南省友好提携締結30周年調印式
（左　嘉田由紀子知事、右　杜家豪省長　2013年）

写真４　琵琶湖博物館と湖南省博物館友好提携締結調印式

生態文化的に近い洞庭湖や太湖と琵琶湖の交流も、博物館分野で進みつつある。例えば、洞庭湖のある湖南省と滋賀県の友好協定30周年にちなんで、2013年には湖南省と滋賀県での包括協定がむすばれ、琵琶湖博物館の研究と広報経験を湖南省の博物館とつなぎながら、環境政策をめぐる交流が始まっている。本章の最初に紹介した2014年の琵琶湖博物館での企画展、「魚米の郷」も、その相互協力の一環でもある。

前節で紹介してきたように、2004年に世界農業遺産に指定された青田県の村むらには、その後のフォローアップの問題が生まれてきている。その突破口を考えるためには、世界で初の「湖システム」で認定された世界農業遺産としての琵琶湖システム地域と、直接的に交流をしながら、相互に「学びと対話」の場を産み出すことが重要ではないだろうか。その根本にあるのは、本書で詳細に解説してきたように、琵琶湖をめぐる人びとの生活や生業など暮らしをベースにした複合的なシステムであり、これが世界農業遺産として国際的に評価されてきた。より具体的には針江地域で見てきたような、「生活のちから」、「生業のちから」、そして「組織のちから」といった複合的で多面的な側面から、仕組みづくりや対応体制を整え、それを介して人と家と地域、自然との関わり合いを継続していくことが最も重要となってくる。世界農業遺産にしても、農水産の伝統的地域にしても、共通のカギとしては、人びとが日ごろからのリスクを乗り越えるために、地域コミュニティの総力を備えておくことであろう。この点においても、滋賀県高島市針江には多くの知恵やより深いヒントが秘められていると考える。

本来、歴史文化的にモンスーン気候の共通性のもと、琵琶湖と太湖・洞庭湖の連携は、水田稲作という文化的共通性のもと、魚と米を同時に育てるという生業複合の生態的共通性として、国際的にも発信が必要となるだろう。言い換えるなら、石油文明の拡大の結果、惹起してきた地球規模の環境破壊と気候危機に対して、「魚米の郷連合」として、国際的な発信の機会づくりも可能だろう。地球規模での気候変動問題に、地域コミュニティが長年積み重ねてきた地域再生の力、いわばレジリエンスの力を強化する、その舞台の一つとして、行政組織と地域住民、そして研究者をつなぐ場として、地域博物館の役割が今度一層強化されるであろう。その方向での展開を期待して、本章を閉じたい。

あとがき

本書の成り立ちを、筆者それぞれの経歴を追うかたちで記しておきたい。

楊平は、琵琶湖や太湖のような湖はない中国北部の遼寧省に生まれた。幼い頃の楽しみの一つは、祖父母の家の近くにある小さな川で、子ども仲間たちといっしょに小魚をとることだった。その小川は滋賀県高島市の針江にある日吉神社前の水路よりやや幅が狭く、水深も雨の日になるとようやく膝の下あたりまで水がくる程度だったが、子どもにとっては楽しさと同時にどきどきわくわくも味わえる遊び場となっていた。成人した楊は、大連外国語大学で日本語を学びながら、環境政策と社会学について学びたいと、日本に留学した。

その後、筑波大学大学院社会科学研究科の鳥越皓之先生のもとで社会学や研究に関する指導を受け、研究調査を続けることになった。博士論文のタイトルは、「中国・太湖湖岸環境の利用と保全に関する環境社会学的研究」である。フィールド調査にあたり、自身の出身地とは気候風土もかなり異なる中国南部の太湖周辺に赴き、農漁村で聞き取り調査を行った。特に印象的だったのは、ある日、先祖代々湖上を移動しながら漁業を営む水上生活者の家船に乗せてもらい、木の櫓（ろ）による手漕ぎでゆらゆらと湖上に出て、魚やエビ、ヒシやヨシ、藻などをとる経験をしたことである。これをきっかけに、鳥越先生からの教えの一つであったモノグラフ研究の重要性を改めて認識し、生活者の立場から自然と人や地域のかかわりのあり方を考えた場合、それはどのような世界として蓄積されるのかが、以後も引き続き探求するテーマとなった。

太湖周辺では、人びとの暮らしと水とのかかわりの深さとともに、伝統的な水路が残る町並みなどの文化的な面にも強くひかれた。昔から「出門見水、以船代歩」（家を出ると水が見える、船が歩きの代わり）といわれるこの地は、歴史に培われたユニークかつ風情あふれる生活様式が受け継がれており、まだまだ全容をとらえきれていない。

2007年、楊平は滋賀県立琵琶湖博物館に学芸員として採用され、国内外のさまざまな分野の研究者が集まった「東アジア内海の新石器化と現代化：景観の形成史」という総合地球環境学研究所の研究プロジェクトに参加した。そこでは、長江や太湖などを対象として何千年、何万年の単位で研究する考古学の思想から刺激を受けた。特に、長江や太湖周辺の遺跡から最古の炭化米が発見されたこと、先史時代の人びとの淡水漁撈の場と稲作の場が重なり合っていたことなどは、長期的な時間軸で水辺の暮らしを考えるうえでとても興味深い。現在も営まれる人びとの暮らしが歴史の中でどのような変化を経てきたのか、それらの歴史的バックグラウンドを考えるにあたって大いに参考としたい。

2010年度から2015年度にかけて楊は、研究代表として独立行政法人日本学術振興会科学研究費補助金「琵琶湖と中国・太湖における水環境比較民俗論と成果展示の企画」（研究課題/領域番号：22520840）の助成を受けた。ともに近代化によって水辺の環境が著しく変化した琵琶湖と太湖の２地域を対象に、水と生きる暮らしの経験を通して水環境保全のあり方を考察するもので、本研究の一部は、本書のベースとなった。

2010年には、滋賀県・湖南省友好提携30周年記念事業の一環として、滋賀県国際課とともに洞庭湖のある湖南省で琵琶湖についての展示を行った。滋賀県立琵琶湖博物館では、2014年に第22回企画展示「魚米(ぎょまい)の郷——太湖・洞庭湖と琵琶湖の水辺の暮らし」を開催した。博物館事業やフィールド調査にともない、高島市針江や近江八幡市など、琵琶湖に面した地域の住民の方がたと交流する機会がさらに増えた。本書での針江にかかわる記述の多くは、地元資料の発掘と聞き取り調査によるものである。

一方、嘉田由紀子は1950年、埼玉県の養蚕農家生まれで楊平のちょうど母親の世代だ。15歳の中学校修学旅行で琵琶湖や比叡山に魅せられ、同時に人類の発祥の地といわれるアフリカに憧れ、1969年に京都大学に入学と同時に探検部に入り、1971年にはアフリカタンザニアにフィールド調査に出かけた。電気もガスも水道もない、タンザニアで出会ったのは、「コップ一杯の水の価値」「一皿の食物の価値」だった。1972年にはローマクラブの『成長の限界』が出版され、近代技術を駆使した資本主義的方法による水や大地の開発に対して、地球規模の資源不足と環境問題に警鐘がならされた。

そこで、1973年には地球規模で水問題や環境問題を学びたいとアメリカのウィスコンシン大学に留学した。指導教官のキング博士は、「水辺の環境研究を行うなら日本の水田地域が最も魅力的だ。1000年以上、水をうまく使うことで同じ土地を耕し続け、持続的な地域生活を生み出してきたのだから」と。そこで嘉田由紀子は1974年から琵琶湖周辺の農村での水環境調査をはじめた。1981年には新設される琵琶湖研究所準備室に採用され、湖と人びととの関係性を研究しながら、鳥越皓之たちと地域生活者の立場にたった環境研究の手法である「生活環境主義」を提唱した。水道が入る前の暮らしの水の調査もはじめ、そこで針江とも出会った。また1983年には、はじめて中国を訪問し、洞庭湖や太湖周辺の暮らしぶりの聞き取り調査もはじめた。

1980年代末からは、「湖と人間の関係」を自然、歴史、文化、暮らしから多面的に描き、その本質的価値を住民自身が自覚できるように琵琶湖博物館の建設を提案し、10年近くかけて1996年には滋賀県立琵琶湖博物館が開館された。準備室時代には水道導入前の琵琶湖辺の600集落の水利用を「水環境カルテ」として整備し、その中から湧き水や川水を暮らしに使う生活再現展示を実際に建っていた民家を移築した「冨江家」として表現した。1990年代末には水田総合研究を提案し、人が作り出したヨシ帯や水田が豊かな魚の生息場であり「生業複合の場」であることを深め、結果的に「魚のゆりかご水田政策」や2022年の世界農業遺産の流れにつながった。

2007年には前述のように楊平が琵琶湖博物館の学芸員に採用され、琵琶湖と太湖の比較研究をすすめ、2014年には「魚米の郷」の企画展示を実現した。そのような中で、楊平が執筆した針江と太湖周辺のモノグラフと、嘉田由紀子が1980年代から折にふれて現場調査を行ってきた太湖周辺での水辺研究が同じ未来の方向を見ていることを相互に発見した。そこで地球規模での環境問題とつなげ、1972年にローマクラブが警鐘をならした問題に、コミュニティ主義という伝統的な知識と経験に根ざした「水と生きる地域の力」が一つの解決方向を示しているのではないかと共感し、序章と終章をまとめた。

言い換えるなら、中国語を母国語とし琵琶湖周辺の水辺村落にほれ込んだ楊平と、日本語を母国語として中国での魚米の郷の生業複合の存在に心を奪われてきた嘉田由紀子が、まさに文化的にクロスしながら母娘のような世代の違いを越えて、大胆にも地球規模の環境問題と切り結ぼうと合力した、ある意味で理念が先走った書籍が本書である。多くの皆さまからの積極的で創発的な助言を歓迎いたします。

本研究調査を進めるとともに、その成果をこうして刊行できたのも、針江にお住まいの方々や水の縁でつながった太湖や琵琶湖地域の多くの方々のご協力のおかげです。自然や人との付き合いの姿勢や知恵を練り上げることで、日々の生活や生業に合致した地域の魅力を引き出し、その経験が地域に根づいたことは大きな教えでした。特に、本書で取り上げた調査地において、針江地区自治会、大人衆、正傳寺、観音講、生水の郷委員会の皆様には、貴重な経験談や大切な資料の提供のみならず、多大なご厚意とご協力を賜りました。この場を借りて心より厚くお礼申し上げます。

美濃部武彦さん、石津文雄さん、橋本剛明さん、田中義孝さん、福田権代茂さん、北野喜久次さん、海東英和さん、美濃部進さん、足立亨さん、三宅進さん、福田久雄さん、美濃部信子さん、吉野成子さん、高田富美子さん、田中久美子さん、前田啓子さん、美濃部和子さん、前田正子さん、福田玉江さん、美濃部照代さん、美濃部冨美さん、福田好美さん、福田孝子さん、福田千代子さん、森田きぬさん、上田順子さん、北野三四子さん、北野實子さん、森田茂さん、森田重樹さん、北野幸雄さん、田中粒二郎さん、沢村治男さん、清水裕之さん、中村美重さん、中村出さん、中山順功さん、山川悟さん、中山栄子さん、海東なみ子さん、三宅しのぶさん、田中たつみさん、服部美智子さん、服部喜久子さん、清水陸子さん、足立正美さん、吉野ハナさん、高橋敏枝さん、出口武洋さん、森聖太さん、瀬海悠一朗さん、吉田栄治さん、保智伸一さんには格別にお世話になりました。心から感謝申し上げます。また、日ごろから母親のような優しさと多様な教えをいただいた美濃部信子さん、針江子ども会のみなさん、そしていつも楽しい話をしてくれたゆうかちゃんにも感謝します。

研究者の側では、まずは恩師であり、本書の帯に推薦文をお寄せいただいた鳥越皓之先生に心より感謝申し上げます。環境社会学の先行研究に携わられた多くの研究者の皆さんの論文、書籍から得た教えにも感謝いたします。

研究調査を進めるにあたっては、川那部浩哉先生、松田真一先生、篠原徹先生、牧野厚史先生、秋山道雄先生や香川雄一先生から多くの教えをいただきました。小野奈々先生はいつも励ましの言葉をかけてくださいました。筑波大学時代のゼミの皆さんとの刺激的な議論があったからこそ研究を進めることができました。滋賀県立琵琶湖博物館では、長い目で見守ってくださった高橋啓一館長をはじめ、亀田佳代子さん、山川千代美さん、里口保文さん、林竜馬さん、中島経夫さん、用田政晴さんなど、多くの皆さんのご支援ご協力を得たからこそ、前に進むことができました。

針江地区の故美濃部武彦さんは、闘病中も本書の完成を待ち望んでおられましたが、2021年11月27日に帰らぬ人となられました。また故小坂育子さん（2019年２月21日没）も針江や太湖の訪問をともにし、嘉田や楊にとっては母親のような存在でした。本書を、謹んで美濃部武彦さんと小坂育子さんの墓前に捧げさせていただきます。

最後に、本書をまとめるにあたり、サンライズ出版の岩根順子社長や岸田幸治さんにはたいへんお世話になりました。

ここに記して、皆様には心より深くお礼申し上げます。

2022年10月１日　琵琶湖畔にて

楊　平

嘉田由紀子

参 考 文 献

序章

井上真，2001，「自然資源の共同管理制度としてのコモンズ」井上真・宮内泰介編『コモンズの社会学（シリーズ環境社会学２）』新曜社.

嘉田由紀子・遊磨正秀，2000，『水辺遊びの生態学――琵琶湖地域の三世代の語りから』農山村文化協会.

――――――・槌田劭・山田國廣，2000b，『シリーズ〈環境・エコロジー・人間〉別巻①　共感する環境学――地域の人びとに学ぶ』ミネルヴァ書房.

――――――，2001，『水辺ぐらしの環境学――琵琶湖と世界の湖から』昭和堂

――――――，2002，「自然と生活の距離――昭和30年代を見る眼」『科学』72（1）：34-44.

黒田暁，2009，「生業と半栽培」宮内泰介編著『半栽培の環境社会学―これからの人と自然』，p71-93，昭和堂.

佐藤仁，2008，『人びとの資源論――開発と環境の統合に向かけ』明石書店.

菅豊，2009，「「半」の思想――不完全な資源の不完全な所有と不完全な管理」宮内泰介編著『半栽培の環境社会学――これからの人と自然』，p132-154，昭和堂.

関礼子，1996，「自然保護運動における『自然』――織田が浜埋立反対運動を通して」『社会学評論』47-4：461-475.

鳥越皓之，2013，『自然利用と破壊: 近現代と民俗 (環境の日本史)』吉川弘文館.

―――――・嘉田由紀子，1984，『水と人の環境史』お茶の水書房.

―――――・金子勇，2017，『現場から創る社会学理論:思考と方法』ミネルヴァ書房.

―――――・陣内秀信・嘉田由紀子・沖大幹，2006，『里川の可能性―利水・治水・守水を共有する』新曜社.

農山漁村文化協会編，1995，『ひとづくり風土記　滋賀県』農山漁村文化協会.

廣川祐司，2014，「現在的総有システムを構築する農村部の試み」五十嵐敬喜編著『現代総有論序説』ブックエンド，p84-121.

琵琶湖博物館編，1996，『LAKE BIWA MUSEUM　湖と人間――びわ湖の足あとの、ここが入口』琵琶湖博物館展示ガイド，滋賀県立琵琶湖博物館.

―――――――編，2014，『魚米之郷――太湖・洞庭湖と琵琶湖の水辺の暮らし』滋賀県立琵琶湖博物館.

松井健，1989，『セミ・ドメスティケイション』海鳴社.

―――，1998，「マイナー・サブシステンスの世界――民俗生活における労働・自然・身体」篠原徹編『現代民俗学の視点１　民族の技術』，p247-268，朝倉書店.

―――，2004，「マイナー・サブシステンスと日常生活――あるいは，方法としてのマイナー・サブシステンス論」大塚柳太郎・篠原徹・松井健編『島の生活世界と開発４　生活世界から見る新たな人間環境系』，p61-84，東京大学出版会.

松田素二，1996，『都市を飼い慣らす――アフリカの都市人類学』河出書房新社.

丸山康司，1997，「「自然保護再考」――青森県脇野沢村における「北限のサル」と「山猿」」『環境社会学研究』3：149-164.

宮内泰介，1999，「地域住民の視点との往復作業で〝環境〟を考える」『新環境学がわかる。』朝日新聞社，p 38-41.
————，2009，『半栽培の環境社会学——これからの人と自然』昭和堂.
柳田国男，1990（1947），『柳田国男著作集26』ちくま文庫.
吉兼秀夫，1998，「エコミュージアム活動の現状」『日本観光研究学会台13回全国大会論文集』：139-142.

第Ⅰ部

第１章

嘉田由紀子・古谷桂信，2008，『生活環境主義でいこう——琵琶湖に恋した知事』岩波書店.
————，2012，『知事は何ができるのか——「日本病」の治療は地域から』風媒社.
————編，2021，『流域治水がひらく川と人との関係』農山漁村文化協会.
小坂育子，2010，『台所を川は流れる——地下水脈の上に立つ針江集落』新評論.
滋賀県市町村沿革史編さん委員会編，1962，「滋賀県物産誌」『滋賀県市町村沿革史』第５巻　資料編１.
新旭町誌編さん委員会編，1985，『新旭町誌』.
高島市新旭地域のヨシ群落及び針江大川流域の文化的景観穂保存活用委員会，2010，『高島市針江・霜降の水辺景観　保存活用事業報告書』高島市.
楊平，2016，「名水の旅から見えてくるもの」『まほら』.
——，2012，「名水の里の魅力」『近江から』創刊号 58-59.
——・用田政晴，2010，「水環境の歴史的保全を社会学から考える——泉神社湧水」『佐加太』第32号 2-3.
——・用田政晴，2010，「名水百選認定と農村水環境の歴史的保全」『生活文化史』日本生活文化史学会編（58）3-12.

第２章

嘉田由紀子・遊磨正秀，2000，『水辺遊びの生態学』農山村文化協会.
川田美紀，2019，「人はどのように環境と遊んできたのか？」足立重和・金菱清編著『環境社会学の考え方—暮らしをみつめる12の視点』，p81-96，ミネルヴァ書房.
菅豊，1995，「〈水辺の技術誌〉——水鳥獲得をめぐるマイナー・サブシステンスの民俗知識と社会統合に関する一試論」『国立民族学博物館論集』66：215-272.
——，1998，「深い遊び——マイナー・サブシステンスの伝承論」篠原徹編『現代民俗誌の視点　民俗技術』，p216-246，朝倉書店.
鳥越皓之，1997a，「コモンズの利用権を享受する者」『環境社会学研究』3：5-14.
————，1997b，『環境社会学の理論と実践——生活環境主義の立場から』有斐閣.
————，2010，「霞が浦湖辺住民の環境意識」鳥越皓之編『霞が浦の環境と水辺の暮らし——パートナーシップ的発展論の可能性』，p219-232，早稲田大学出版部.
農山漁村文化協会，2000，『江戸時代　人づくり風土記　近世日本の地域づくり200のテーマ』農山漁村文化協会.
松井健，1998，「マイナー・サブシステンスの世界——民俗生活における労働・自然・身

体」篠原徹編『現代民俗学の視点1　民族の技術』，p247-268，朝倉書店．
―――，2004，「マイナー・サブシステンスと日常生活――あるいは，方法としてのマイナー・サブシステンス論」大塚柳太郎・篠原徹・松井健編『島の生活世界と開発4　生活世界から見る新たな人間環境系』，p61-84，東京大学出版会．
宮田登，1996，『老人と子供の民俗学』白水社．
楊平，2014，「水辺の生活を通して共通の「リズム」を探る」『湖国と文化』滋賀県文化振興事業団，79-81．
――（Yang, P.），2010, *Analysis of the Social Conditions Conducive to Sustainable Organic Rice Farming around Lake Biwa in Japan*, 4th Asian Rural Sociology Association International Conference, 284-296.

第3章

今森光彦，2004，『湖辺　生命の水系』世界文化社．
――――，2004，『藍い宇宙　琵琶湖水系をめぐる』世界文化社．
――――，2006，『おじいちゃんは水のにおいがした』偕成社．
嘉田由紀子，1984，「水利用の変化と水のイメージ――湖岸の水利用調査より」鳥越皓之・嘉田由紀子編『水と人の環境史――琵琶湖報告書』お茶の水書房，p205-240．
―――――・古谷桂信，2008，『生活環境主義でいこう――琵琶湖に恋した知事』岩波書店．
―――――，1998，「日本の地域社会と川――水辺の遊びを切り口に」（特集「川に学ぶ」社会をめざして）（人と川とのかかわり）河川（624），20-25．
川那部浩哉，2000，『博物館を楽しむ――琵琶湖博物館ものがたり』岩波書店．
小坂育子，2010，『台所を川は流れる――地下水脈の上に立つ針江集落』新評論．
藤村美穂，1993，「自然をめぐる「公」と「私」の境界」鳥越皓之編『試みとしての民俗学――琵琶湖のフィールドから』，p147-193，雄山閣．
楊平，2006，「観光と地域生活の対立をこえて――中国太湖の事例」『日中社会学研究』日中社会学会 編（14）125-140．
――，2017，「名水「観光」にみる地域社会の活性化」『ものがたり観光行動学会誌』ものがたり観光行動学会：(7)，4-15．

第Ⅱ部

第1章

大槻恵美，1984，「水界と漁撈――農民と漁民の環境利用の変遷」鳥越皓之・嘉田由紀子編『水と人の環境史』，p47-86，御茶の水書房．
嘉田由紀子，1997，「生活実践からつむぎ出される重層的所有観――余呉湖周辺の共有資源の利用と所有」『環境社会学研究』3：72-85．
―――――・槌田劭・山田國廣，2000，『シリーズ〈環境・エコロジー・人間〉別巻①　共感する環境学――地域の人びとに学ぶ』ミネルヴァ書房．
―――――，2001，『水辺暮らしの環境学――琵琶湖と世界の湖から』昭和堂出版．
―――――，2019，「イギリスのコモンズと日本の入会」日本農業経済学会編『農業経済学事典』丸善出版．

金城達也，2009，「沖縄本島・山原地域における自然資源の伝統的な利用形態」『沖縄地理』9：1-12.
菅豊，1990，「『水辺』の生活誌――生計活動の複合的転回とその社会的意味」『日本民俗学』181：41-81.
針江地区有文書『漁業全図及書類』
藤村美穂，2002，「阿蘇の草原をめぐる人びととむら：環境問題の視点から（共通テーマ　いま改めて日本農村の構造転換を問う：一九八〇年代以降を中心として）」『村落社会研究』38, 73-108，農山漁村文化協会.
牧野厚史・楊平，2009，「東アジア湖沼の環境問題と住民――日本と中国における湖畔の村の環境問題」『21世紀東アジア社会学』(2) 56-74.
宮内泰介，2006，『コモンズをささえるしくみ――レジティマシーの環境社会学』新曜社.
楊平，2012，「環境資源としての水を生かした村の実践――琵琶湖からみた太湖との比較研究の試み」『日中社会学研究』日中社会学会編 (19) 142-158.

第２章

嘉田由紀子，2002，『環境社会学』岩波書店.
財団法人農村問題調査会，1985，『都市化・工業化に伴う琵琶湖集水域における水・土地利用と地域構造の変化に関する研究』(3).
滋賀県，1924，『農業水利及土地調査書』.
滋賀県市町村沿革史編さん委員会，1981，『滋賀県物産誌』（『滋賀県市町村沿革史』第５巻　資料編１）.
新旭町誌編さん委員会編，1985，『新旭町誌』.
高島市新旭地域のヨシ群落及び針江大川流域の文化的景観穂保存活用委員会，2010，『高島市針江・霜降の水辺景観　保存活用事業報告書』高島市.
藤村美穂，2002，「阿蘇の草原をめぐる人びととむら――環境問題の視点から（共通テーマ　いま改めて日本農村の構造転換を問う：一九八〇年代以降を中心として）」『村落社会研究』38，73-108.
安室知，2005，『水田漁撈の研究――稲作と漁撈の複合生業論』慶友社.

第Ⅲ部

第１章

池田勝幸，1991，「労力交換「ユイ」からみた村落社会の空間構造」『歴史地理学』156：15-25.
嘉田由紀子，2001，『水辺ぐらしの環境学――琵琶湖と世界の湖から』昭和堂.
鳥越皓之，1994，『地域自治会の研究』ミネルヴァ書房.

第２章

有賀喜左衛門，1968，『村の生活組織』有賀喜左衛門著作集Ⅴ，未来社.
――――――，1969，『民俗学・社会学方法論』有賀喜左衛門著作集Ⅷ，未来社.
木村至宏・網野善彦・井上満郎・吉村亨ほか，1991，『滋賀県の地名　日本歴史地名大